编委会

主　　任：张占海

策　　划：邱莉莉

主　　编：谢远雁　唐知涵

编　　委：阿德里安·马丁　蔡梅江　范广益　方家松

韩喜球　何　青　焦念志　林　间　牟风华

萨布丽娜·斯佩希　孙莉萍　孙　珍

王风平　威廉姆·奥斯汀　于卫东　俞苏恬

曾榆稀　张　奕　朱丽叶·赫尔墨斯

中国大洋矿产资源研究开发协会（**China Ocean Mineral Resources R & D Association**）于 1990 年 4 月 9 日经国务院批准成立，其宗旨是：通过国际海底资源研究开发活动，开辟我国新的资源来源，促进我国深海高新技术产业的形成与发展，维护我国开发国际海底资源的权益，并为人类开发利用国际海底资源做出贡献。自成立以来，在自然资源部和国家海洋局的领导下，在国家各综合部门的指导和大力支持下，统筹国内各领域、各专业优势力量开展国际海域工作，在维护我国国际海域权益、开发国际海底资源、发展深海高新技术、参与国际海域事务等方面取得了积极进展。

有斯公益（**Global Youth Philanthropy**）是在美国波士顿、旧金山、加拿大多伦多、中国上海陆续注册的非营利组织，积极响应联合国"青年 2030 战略"和 17 项可持续发展目标，以"汇聚世界青年力量，聚焦可持续发展议题，创新全球治理实践"为使命，搭建全球化的青少年公益创新平台，指导和支持世界各地青少年开展各种公益影响力和社会创新项目，并带领青少年参加各种联合国会议和国际会议（包括联合国气候大会、联合国青年论坛、联合国人道会议、联合国未来峰会、联合国妇女大会、联合国海洋大会、克莱蒙生态文明国际论坛等），青少年担任演讲人、策展人或者青年记者等角色，展现对于重大国际问题的关切和行动力，推动青少年积极参与全球治理实践，激发利他精神和社会责任感，点燃成长内驱力，培养全球胜任力，为世界发展注入青年力量，同时促进国际青少年的跨文化交流，助力一个更加美丽的世界和未来！

深 海 逐 梦 有 斯 同 行

YOUTH JOURNALISTS DIALOGNE
WITH OCEAN SCIENTISTS

青少年
记　者

对话海洋科学家

张占海　编委会主任
谢远雁　唐知涵　主编

海洋出版社

图书在版编目（CIP）数据

深海逐梦　有斯同行：青少年记者对话海洋科学家 /
谢远雁，唐知涵主编． -- 北京 ：海洋出版社，2025.6.
ISBN 978-7-5210-1532-4

Ⅰ．P7-49

中国国家版本馆 CIP 数据核字第 2025TJ4726 号

深海逐梦　有斯同行：青少年记者对话海洋科学家
SHENHAI ZHUMENG　YOUSI TONGXIN: QINGSHAONIAN JIZHE DUIHUA HAIYANG KEXUEJIA

策　　划：邱莉莉	发行部：（010）62100090
责任编辑：刘　斌	总编室：（010）62100034
责任印制：安　淼	网　址：www.oceanpress.com.cn
设计制作：童　虎·设计室	承　印：侨友印刷（河北）有限公司
	版　次：2025 年 6 月第 1 版
	2025 年 6 月第 1 次印刷
出版发行：海洋出版社	
	开　本：787mm×1092mm　1/16
地　　址：北京市海淀区大慧寺路 8 号	印　张：14.25
100081	字　数：259 千字
经　　销：新华书店	定　价：45.00 元

本书如有印、装质量问题可与发行部调换

Youth Voice Media Center（有斯之声媒体中心）致力于为全球青少年搭建一个新媒体传播平台，赋能和指导世界各地青少年通过社会调研、田野调查、人物采访、活动报道及参与国际会议等方式，以影像与文字传播青年声音与行动，提升青少年对世界复杂多元的敏锐洞察和深刻思考力、跨文化交流和表达感召力以及全球胜任力，为全球可持续发展贡献青年力量。自创立以来，有斯之声记者团陆续在联合国气候大会、联合国青年论坛、联合国人道会议、联合国妇女地位大会等重要国际会议上展现青春力量。

青年与海洋：一场跨越代际的海洋对话

　　翻开这本散发着油墨清香的书籍，您将看到二十四朵思维的浪花与十六片智慧海洋的奇妙相遇。这些由青少年小记者与海洋科学家共同谱写的对话录，既是对海洋奥秘的探索，更是两代求知者跨越年龄与经验的精神对话。

　　在信息爆炸却知识碎片化的时代，我们格外珍视这种面对面的深度交流。来自中国、美国和加拿大的 24 位青少年学生带着笔记本和录音笔走近海洋科学家，他们携带的不仅是一颗好奇心，更是人类与生俱来对海洋的美好向往。他们对海洋的浓郁兴趣和对知识的渴望超出了我的想象。当看到初中生探讨用算法分析海洋数据，高中生关注海洋微塑料污染治理时，我感受到的是一种海洋素养的提升。最打动我的是那些充满洞察力的问题——"深海微生物如何参与碳循环？""深海生物的超能力是否可以用于医学研究？""AI 能否优化台风路径预测？"超乎这些提问展现的不仅是深刻的求知欲，更是年轻一代科学思维方式的孕育。这些青少年未来无论选择什么职业，他们由此建立的海洋素养和科学素质都将影响深远。

　　这场科学对话呈现出鲜明的代际特征。青少年提问思维活跃却直指本质，科学家回答严谨周密又不失生动。12 岁的小朋友许闵媛对海洋中的暮光带产生了浓厚的兴趣，在科学家阿德里安·马丁教授的启迪和引人入胜的讲解下，提出的问题不断深入，从暮光带的存在、特征、角色，到暮光带的生物如何生存、生物发光的功能、食物链的连接，再到气候变化对暮光带的影响、采取哪些新技术和措施研究和保护暮光带，这种形式的对话无疑对提升青少年海洋素养、传承科学精神都是极其生动和有益的。

这场科学对话实现了令人惊喜的双向滋养。几位接受采访的科学家对我说，他们在接到小记者的采访提纲后，不仅重新审视了自己习以为常的专业知识，又补充了最新的和相关领域的知识内容，这个过程让他们对专业有了新认知。为了让孩子们有更直观的印象，王风平教授为14岁的王芊戈同学解释深古菌生态功能的对话，将复杂的微生物过程转化为易懂的"自然清洁工"比喻，不仅让尖端科技变得亲切可感，更体现了科学家们的社会责任感。我自己的感受尤为深刻。17岁的丁之妍同学对海洋的兴趣广泛、视野开阔，她的关注点包括全球海洋环境保护面临的关键挑战、如何应对气候危机、深海资源开发利用、人工智能在海洋研究中的应用前景、"海洋十年"中国贡献等国际上的热点，提问既涉及到政策制度、突破性进展等宏观问题，又有例如海洋塑料垃圾治理、海洋遥感等最新技术应用，还即兴问到她特别喜欢的城市厦门在海洋生态保护方面的先进经验。在准备接受采访的过程中，回答这些问题对我来说也是一次难得的知识更新与能量补充。

这场科学对话生动展现了科学知识的传承过程。从"蛟龙"号载人深潜器的重大突破，到"梦想号"大洋钻探船的国际领先；从海洋微生物碳泵理论的建立，到深海热液黑烟囱的发现，从征服南极冰盖最高点，到北极航线的开发利用，让青少年看到海洋科学事业的无限魅力和广阔未来。这些对话，犹如清泉在他们心中涌出，从一条条涓涓细流不断汇聚成河，终成浩瀚之海。这些文字既是记录，更是邀请——希望更多青少年加入探索蔚蓝星球的伟大征程。

当前正在全球轰轰烈烈开展的联合国"海洋科学促进可持续发展十年"将提升公众海洋素养和培育年轻一代海洋科学家作为重要内容，旨在增强对人类与海洋之间双向影响的理解，提高对海洋状况和价值的认识，并提供能够将海洋知识转化为促进可持续发展各项行动的方法和工具，使各利益攸关方就海洋对于人类福祉和可持续发展的价值达成共识，培养更负责任的行为，开展良好海洋素养的行动，进而彻底转变人类行为以及人类与海洋的关系。这正是我们策划出版这本书的初衷。

谨以这篇序言，致敬所有参与这些珍贵对话的贡献者：

致科学家：感谢你们以关爱和智慧，为青少年打开海洋科学的大门；

致小记者：你们充满洞见的提问，正在勾勒未来海洋研究的轮廓；

致每位读者：当你展开这本书，你参与的不仅是一次阅读，更是一次关心海洋、认知海洋、保护海洋的一次行动。

张占海
中国大洋协会理事长
自然资源部原总工程师
2025年5月15日

蓝色星球的未来——青年与海洋的对话

海洋覆盖了地球 71% 的表面积，孕育了地球上最早的生命，调节着全球气候，并为人类提供了食物、能源和无数资源。然而，与浩瀚的天空相比，人类对海洋的认知仍然极为有限。我们已能探测火星地表，却对深海 95% 的区域一无所知；我们关注大气污染，却对海洋塑料垃圾的蔓延束手无策；我们谈论气候变化，却往往忽视海洋作为地球最大碳汇的关键作用。

今天，全球海洋正面临前所未有的危机——塑料污染、过度捕捞、酸化、生物多样性锐减，以及气候变化带来的海平面上升。与此同时，海洋治理仍存在巨大挑战：国际规则碎片化、跨国监管困难、公众参与不足。在这样的背景下，联合国《2030 年可持续发展议程》中的第 14 项目标（SDG 14）——"保护和可持续利用海洋和海洋资源"显得尤为重要。

本书正是为了回应这一挑战而生。我们邀请了来自世界各地的海洋科学家、政策制定者、环保行动者和企业领袖，与青年记者展开深度对话，探讨：

— 海洋文明的未来——人类如何与海洋和谐共生？

— 全球海洋治理的机遇与困境——国际公约、国家政策与地方行动如何协同？

— 海洋环境的紧急修复——如何应对塑料污染、过度捕捞和栖息地破坏？

— 海洋风险的管控——如何预警海啸、防范赤潮、减少航运污染？

特别值得一提的是，本书的采编团队由来自不同国家的青年记者组成，他们以敏锐的观察、鲜活的笔触和坚定的使命感，记录下全球海洋守护者的智慧与行动。正如世界青年发展论坛上，17国青年代表手持象征SDGs的接力棒，呼吁全球青年共同行动。

海洋的未来属于年轻人。你们是未来的科学家、政策制定者、企业家和公民社会领袖。我们期待这本书不仅能激发更多青少年关注海洋、研究海洋、保护海洋，并最终成为全球海洋治理的新生力量，同时也希望全社会都能更加关心海洋、认识海洋并自觉采取基于科学的行动保护海洋。正如一位海洋专家所言："我们不需要每个人都成为海洋学家，但每个人都可以成为海洋的守护者。"

现在，让我们翻开这本书，聆听海洋的声音，思考我们的责任，开始我们的行动，并共同书写一个可持续发展的蓝色未来。

邱莉莉
有斯公益创始人
平澜基金会、天使妈妈基金会和蓝天救援队创始人
2025年5月1日

目 录

焦念志

焦念志，中国科学院院士、发展中国家科学院院士、美国微生物科学院院士。现任厦门大学碳中和创新研究中心首席科学家，联合国"Global-ONCE"国际大科学计划首席科学家。从事微型生物生态过程和资源环境效应以及应对气候变化研究。发表 Science、Nature 系列以及 PNAS 文章 10 余篇、一流学术刊物文章 300 余篇，被引用两万多次，ESI 持续高被引作者、入选美国斯坦福大学和爱思唯尔（Elsevier）"终身科学影响力（Career-long Impact）排行榜"。他提出的"微型生物碳泵（MCP）"储碳新机制被 Science 评论为"巨大碳库的隐形推手"、Science 为此出版了 MCP 专刊。MCP 理论及应用被纳入联合国政府间气候变化专门委员会 IPCC 特别报告，联合国教科文组织、政府间海洋学委员会 IOC 报告。他两次获国家自然科学二等奖（均为第一位）、"何梁何利科学与技术进步奖"、"首届全国创新争先奖"以及"年度海洋人物"等荣誉称号。

在约定采访时间时，焦念志院士主动邀请我们来到位于厦门的海洋负排放国际大科学计划（ONCE）总部参会，尽管行程紧密——除了接受媒体采访之外，他当天还需要授课、会见重要嘉宾，并随后启程赴京参加全国两会，所幸在积极协调之下，这场宝贵的对话最终如期完成，得以和大家分享。

海洋约占地球表面积的 71%，在全球碳循环中，它是地球上最大的活跃碳库，具有十分显著的碳汇效应。在深海存在着一座巨大的惰性溶解有机碳库，然而一直以来，这座巨大碳库的成因困扰着科学界，直到多年前，由焦念志院士提出的"微型生物碳泵理论"（MCP），揭示了海洋碳汇的核心机制，推动碳汇研究迈入新的阶段。同时，也引发了国际科学界的深度研讨与协作。

基于多年与海外科研机构合作的经验，焦院士以国际视野引领海洋碳汇研究，由他牵头发起的海洋负排放国际大科学计划（ONCE）将全球海洋碳汇领域的专家汇聚到一起，为应对全球气候变化提供基于海洋的解决方案。在学术之外，焦院士亦致力于科普传播，在采访中他曾多次强调"科普教育中，用科学事实说服大众尤为重要"，并鼓励有志于探索研究海洋的青少年"敢于发现不同，在质疑中寻找创新"。

值得一提的是，这位大科学家还展现出独特的艺术细胞：亲自设计项目LOGO、即兴分享研究轶事，甚至在会上一展歌喉，活跃现场学术交流的氛围。这些人文特质，让我们接下来的科学对话之旅又多了一抹温度。

有斯之声记者：刘健丰

英文名 Donald，来自广东深圳，目前就读于马来西亚国立大学海洋科学专业，对跨文化交流抱有浓厚兴趣，在校期间积极通过摄影、写作及绘画记录生活观察，曾获绘画比赛奖项及全国英语能力大赛优胜奖等，其英文随笔发表于 *Shenzhen Daily* 等城市媒体平台。

访谈 1

"碳锁"深蓝：焦念志的
海洋负排放蓝图与国际科学征途

🎙️ **刘健丰：** 焦院士您好，很高兴您能接受我的采访。首先我想请您用通俗的语言概括您以及您团队的核心研究方向，其现实意义是什么？

🗣️ **焦念志：** 我们的研究，从大的方向，最简单的说法就是：负排放，这是相对排放而言的。排放大家都知道，过多排放二氧化碳、甲烷这样的温室气体，就会导致气候变暖，而负排放就是相反方向，英文就是 Negative Carbon Emission，对于海洋，就是海洋碳负排放，全称是 Ocean Negative Carbon Emission，简称 ONCE，也就是我们大科学计划的名称。

关于量，当负排放等于排放的时候就实现了碳中和，所以它能够支撑我们国家的碳中和战略。它是全球应对气候变化的一个共识，也是我们大科学计划的任务目标之一。

🎙️ **刘健丰：** 非常感谢您的解答，在所有的海洋碳汇机制[①]中，"微型生物碳泵"[②]理论框架是您最著名的研究，其研究论文也是您在领域中被引用最多的一篇。被《科学》杂志称为"巨大碳库的幕后推手"。不论在机制上还是组分上，微型生物碳泵具有十分独特的优势，俗话说"能力越大，责任越大"，当前受温室气体排放、海洋层化等一系列因素影响，海洋微生物的多样性、分布和结构

[①]　目前已知的 4 种海洋储碳机制分别是：溶解度泵（Solubility Pump, SP）、生物泵（Biological Pump, BP）、微型生物碳泵（Microbial Carbon Pump, MCP）以及碳酸盐反向泵（Carbonate Counter Pump, CCP）。

[②]　微型生物碳泵（MCP）是指海洋中大部分有机碳被异养微生物降解为无机碳，而小部分转化为难降解有机碳（Recalcitrant Dissolved Organic Carbon, RDOC）并长期储存在海洋碳库中的过程。这一机制对海洋碳循环和碳储存有重要影响。

功能发生显著变化，同时气候变暖似乎也会削弱像以 POC[①] 为主的经典生物泵这样的储碳机制，CO_2 的增强以及海洋温度的升高会增强微生物的活性，使 DOC[②] 周转更快，所以这对于 MCP 来说是一个机遇还是一个挑战？

焦念志： 我觉得这个问题问得好，是从科学角度来思考的，简单来说，这可能要涉及酶的一些知识，温度升高，酶的活性增高，呼吸会加强。但是我想要告诉你们一个结果，它可能和通常人的想法相反：温度升高之后，微型生物碳泵和另外三种以及其他外延的储碳机制比起来的话，它是增加了，而且只有它是增加的。你能想象出来为什么吗？通常会认为，温度升高，它的呼吸加强，所以它产生的就更少了，这是对的。但是还有一个大的环境，就是在海洋里。海洋里温度升高，表层的温度高了，密度就会降低。密度降低，本来混合所损耗的关系就会降低，然后底下就会成层，这些成层一旦形成以后就组合了。拿纸巾盒举例，盒子底下相当于是海洋底下这一层，盒子上面是海洋表层，海洋的表层是有光照射的，所以它可以进行光合作用。但是有一个很大的不利之处就是底下的营养盐，像氮、磷已经上不来了。有光，但是没有营养盐，固碳就会降低，所以生物泵就降低了。碳酸盐更不用说，温度高它就溶解，而像氧气这些，只要在水里一加温就全出来了。而且在水中，为什么可以养鱼呢？是因为水里有氧气，鱼可以呼吸，但是煮开的水不能养鱼，是因为水煮开了以后氧气都"跑"了，二氧化碳也是一样的，所以其他所有的碳泵都是衰减的，只有微型生物碳泵是增强的。以马尾藻海为例，它在水下 200 米深处，而底下还有平均水深 3600 米的地方，但是这些微生物在任何一个水层中都大量存在，举个微观层面的例子，你知道一毫升的水中有多少微生物吗？

刘健丰： 我想想……比世界人口还多？

焦念志： 一毫升水中可以达到 10 的 6 次方个微生物，也就是百万级的，一毫升就是 100 万个，在整个水柱范围内，它要生存、代谢，那它就会产生 RDOC（难降解型溶解有机碳），RDOC 比例再小，它也是逐渐积累的，尤其是在成层之后底下缺氧，氧气越少，它的酶活性越低，就会有更多的保留，所以微型生物碳泵是一个无可替代的理论。

---

① 颗粒有机碳（Particulate Organic Carbon，POC）是指不溶解于水体中的有机颗粒物质，在海洋碳循环中占重要地位。

② 溶解有机碳（Dissolved Organic Carbon，DOC）是指海水中以溶解态存在的有机碳化合物，是海洋碳循环中重要的组成部分。

还有，关于前面提到的，在当前的海洋环境下，其他的储碳机制削弱，微型生物碳泵加强，这是一般人想不到的，一般人想到的是代谢呼吸的价值，这没有错，但在海洋这个环境里，成层形成以后，底下相对缺氧，反而又增加了它转化的量和力度，所以将来微型生物碳泵会发挥非常重要的作用。

这个理论刚提出来的时候很多人都反对，因为它涉及一个分析的本质问题，我们提出微生物是一个生产者，这颠覆了大家传统的认知，刚开始很多人都不接受。我记得在会议上，有一些学者当场质疑，认为我们研究这个方向没有意义，因为那时候研究还处于早期阶段，关于微生物基本的原理，大家普遍认为涉及物质循环，以及生产者、消费者、分解者。微生物其实应该属于分解者，这个认知没有问题，但这样的研究只是看到了事物的一面，没有继续深挖，我们的研究应该说是非常前沿的，刚开始大家没有跟上这个节奏，因此得不到大家的认可，甚至包括美国科学家，我们也是有过一番激烈的"斗争"。比如，我们那时候文章一发表，他们就围追堵截，因为有一个非常合理的原因，他们要防御，就是保护自己（学术上）的权威地位。

🎤 **刘健丰：** 但是科学的进步就是要不断推翻旧观点，建立新的秩序呀！

🎙 **焦念志：** 这是正确的，这些科学家就是这样一种情况，这就是为什么我可以领导一个国际工作组，里面包括12个国家的著名科学家，他们主要来自发达国家，都很权威。值得一提的是，他们很多是白头发，我是唯一的一个黑头发。美国的一位著名科学家当时对我说：我做了这么多的DOC研究，做了一辈子，你聚集了这么多科学家，你是在赶一群猫呀。

什么叫赶一群猫呢？你可以赶一群羊或一群狗，但是猫不好赶。猫有自己独立的意识，你看，狗大家都知道，比较忠实，羊的话，你一挥鞭，它就会做出调整，所以（对于这件事情）你当然不是赶一群"羊"或者是赶一群"狗"，而是赶一群"猫"。羊与狗比较易从众，你做出什么改变，它们就会朝着那个方向走，所以可以轻松控制它们，但是猫们不听你的，像这些大科学家，他们有各自的想法，你怎么把他们聚拢在一起？当时我真不理解，他讲了之后，当面给我解释，大家哈哈大笑，说明他还是认可了我。

🎤 **刘健丰：** 所以科学真理还是能超越偏见，是吗？

🎙 **焦念志：** 对。因为科学家最终还是要成为这样子的，科学研究还是得真正基于事实，如果他是一个政客，他可能完全不根据事实说话的。

🎤**刘健丰：** 感谢您的分享，总的来说，站在立场的角度，真正的科学家还是尊重客观事实的。同时，科学发展总是伴随着修正和迭代。在当前的海洋碳汇研究中，您认为最常见的公众误解是什么？如何科普这些知识呢？

🎙**焦念志：** 其实，最主要的一点在于：固碳不等于储碳，很多人只看到一个生物量，也就是固定下来的碳，但这些碳是不能长期储存的，固碳和储碳，以及碳库和碳汇两者的本质不同：后者有一个维度叫作时间维度，只有长周期地储存下来了，才能叫储碳，才能起到碳汇的作用，要不然它马上回到大气里去，如庄稼那个例子[1]，庄稼不能大量储碳，它只能有一小部分在土壤里边，因为陆地碳汇，三五十年不算。虽然我不是研究陆地微生物的专家，但是我知道，微型生物碳泵不光在海中有，陆地上的土壤、水体中也有，自从我们那篇文章发表了以后，他们也接着发表了一篇文章，就叫作 *Soil MCP*——土壤微型生物碳泵。它的机制和海洋中的 MCP 差不多，但是存在的环境不一样。海洋是大的，总量很大，另外它只要储存在深海出不来，储存的周期就特别长，所以在海洋里微型生物碳泵有独特的优势。

🎤**刘健丰：** 是的，公众科普对当下人们关于海洋的认知格外重要，海洋碳汇与人类生活的交集之一是海洋碳汇相关的生态工程，相信您的团队也为此做出了许多贡献，其中最经典的一个海洋减排增汇方案是"海陆统筹"生态工程，其中营养盐（化肥）是非常重要的一个因素，过量的化肥施用会导致水体的富营养化，从而降低 MCP 的效率，引起一系列不良后果。在这个方案中，降低营养盐的输入对于整体的减排增汇起到非常大的作用，中国是世界上肥料使用量最大的国家，在如此高的水平之下，如何去平衡化肥施用和减排增汇的矛盾呢，对此您怎么看？

🎙**焦念志：** 你这个问题问得非常好，按照我的理解，一般来讲施肥多，产量高，固碳多，但是施肥过多的话也不好，在庄稼上不太明显，但是一味地给它施肥，就会造成烧苗，把它给烧死了，当然，一般不会严重到这种程度。然而，如果在海洋里，这些微生物响应就会非常敏感，因为它们是单细胞生物，陆地上很

---

[1] 该示例引用自焦院士报告中的一个案例：种植粮食作物是否构成一种碳汇？尽管作物在生长过程中能够固定下来大量的碳，但由于作物收成等原因，这些碳并不能长期储存，因此此类碳汇的实际效用十分有限。

多生物都是由多细胞构成的，而且形成各种组织，所以具有抵抗的能力，它可以代谢，能把体内的废物都排出来，而单细胞生物就很难了。进去以后就是它所有的机体，如果不行就"死定了"，或者说发生其他的反应。许多人认为"施肥是增产"，这在海洋中是不成立的，如果是施肥增长，或者你看到临时的一种现象，这就是（临时的）固碳，比如，美国科学家提出了施铁肥①，这是一种非常有效的措施，施完铁肥以后，在卫星上都能看到海洋大面积的变化，这种现象以前从来没见过，可以称得上是人类历史上的创举，大量地吸收二氧化碳，但是后来被叫停了，被谁叫停？一些绿色和平组织，说他们已经改变甚至影响了海洋。

🎤 **刘健丰：** 但是，它对海洋是有帮助的呀。

🎙 **焦念志：** 对，开始的时候科学家也是这么想的。后来他们发现虽然有帮助，但是帮助的时间太短，以至于效果不佳甚至无效。因为它没有储到碳，是什么原因呢？这种情况下它很快长起来，因为它是不稳定的。相当于是活性的，也就是"好吃"的，好吃的越多，细菌通过呼吸作用将其转化为二氧化碳后放掉，它很快就回去了。而且还有一个效应，二氧化碳和氧气不一样，它与水反应可以造成海洋酸化，但这并不是大气中二氧化碳造成的海洋酸化，而是在水中内源性的海洋酸化。另外还会产生赤潮，赤潮大家都知道它的危害。所以后来科学家自己也叫停了。总的来说，有很多事情它会从量变到质变，但即便是控制量，也很难把握质。因为它有一个幅度的问题，也是一个时间的问题。

🎤 **刘健丰：** 好的，也许这个问题要更加长远地去看待，话说回来，在全面考量现有气候变化应对措施的基础上，您提出了养殖区上升流增汇生态工程，以及最近提出的生物泵（BP）、碳酸盐反向泵（CCP）、微型生物碳泵（MCP）和溶解度泵（SP）"四泵集成"的海洋负排放生态工程，对此，您对于未来海水养殖于海洋减排增汇具有什么样的期待呢？

🎙 **焦念志：** 我觉得海水养殖是"不受诟病"的负排放实施场所。在一个自然海区，如果采取这些负排放的措施，就等于是干预了。我刚才提到施铁肥为什么这么管用却被叫停了。因为很多绿色组织说：它人为干预了海洋。这合理吗？不

---

① 海洋铁肥：海洋铁肥化是地球工程技术的一个例子，它涉及有意将富含铁的沉积物引入海洋，旨在提高海水中生物体的生物生产力，让海洋可以吸收更多的二氧化碳，从而减轻全球变暖的影响（摘自《海洋世界》2023 年 12 期）。

光合理，还是有效的，所以大众不趋同吗？因为这些话是很有"道理"的，像当前保护环境的一些现状中，例如，海岸线 80% 以上都是人工岸线，人工已经干预了，已经破坏了这种自然环境，你保护起来，那不是又要好又要恢复它？

> **刘健丰：**谢谢您的解答，总的来说，当前科普对于广大群众的重要性不言而喻，同时我不禁好奇，未来是否会有新的工程范式引入生产力较为匮乏的地区？如远海、深海这些地方呢？

焦念志：确实没有你想的那么多，生产力比较贫乏的海区，其之所以贫乏，肯定是有原因的。这个时候你要抓关键的话，铁就是一个案例，在海洋中，营养盐缺乏，但是比起氮、磷这些营养盐，铁和其他的微量元素更加缺，所以像有些美国科学家，我认为他们的贡献是功不可没的，实际上他们也有很多的问题，但是完全可以加以改进。打个比方说，我们采取的是一种形似中医的疗法，他们可能是西医的疗法，西医疗法虽然有效，是靶向的，哪里有问题我就直接去哪里治，确实很快见效，但是它的边际性甚至是负面效应，你可能不一定能保证没有，即便是有，你看到了，你也没法阻止这种风险的产生。

> **刘健丰：**就是……治标不治本。

焦念志：对，就像"摁下葫芦起来瓢"，虽然解决了一个问题，但是又出现了另外一个问题，还有是拆了东墙补西墙，这种方式也不好。

> **刘健丰：**您提到了 ONCE 计划，首先，ONCE 是一个什么样的计划？其次，中国在其中有什么样的贡献？同时在这个计划中存在什么样的挑战与突破呢？

焦念志：2010 年，我们提出了"微型生物碳泵"这个概念，这就是 ONCE 的源头。现在有 33 个国家的科研团队参与进来，我们是发起国，也是这个计划中领先的国家。中国的主要贡献就是海洋一共有四大储碳机制，我们提出的微型生物碳泵是不可替代的。我当时面临的问题不仅是要推翻常规理念，让分解者成为生产者，而且需要对一系列科学问题进行验证，如储碳年限，你说它能够储存5000 年，这是别的科学家用碳 14 定年份证实了的，但像北部是 6000 年的，你怎么证实？这个问题难倒了我好多年，当时和加拿大合作，在国外做的大水体实验证明了它不仅存在，而且效率很高，一年就够了。所以这是一些（我们遇到的）困难，借助他们设施做出来的，他们就不会质疑你。如果在中国的条件下能做出这个实验吗？这个体系能被认可吗，数据是不是假的？他们就会质疑。

刘健丰： 好的，谢谢您的分享，现在让我们把目光转向您的个人研究，首先我想简单问一下，您当时为什么选择研究海洋？

焦念志： 这个其实是我当初看到了八带蛸，也就是章鱼的时候，我以前从来没有见过这种动物，小时候因为我在潍坊，靠沂蒙山那一侧生活，在所有的动物里面，我从未见过这种生物。我母亲就跟我说：你得了解海洋的事。所以这就是我的开端。后来我关注了一下八带蛸，它和地球上所有生物进化的路径都是不同的。我不展开来讲了，它非常聪明，能干各种事儿，甚至开始预测足球，它可以用它的爪，也就是它的腕做各种高难度的动作，但是它的寿命只有一年，你再怎么好好养它，它存活时间也不超过三年。

它不是和人以及其他动物一样延长寿命，而是一代一代地繁衍，它没有学习能力，而且它们出生的时候父母已经去世了，完全（和其他生物）不一样，所以它是靠基因本身的一种特化、进化来突变的，它可能是人类消亡之后的一个替代，可能是地球以后的主人，这是我自己的一个推断。

刘健丰： 在"海洋十年"的背景下，您想给有志于从事海洋领域研究的青少年和大学生在研究和学习路径上什么建议？

焦念志： 真正的科学发现有两大类，一类是积累、归纳和总结。另外一类就是抓住意外的现象，锲而不舍地把那些解释不通的东西解释通了，你就有创新。这两类科学发现的路径是不一样的，前面是对已有知识再学习、提炼和认识，后者是你要去找它为什么？错在哪个地方？当这个问题得到了解答，你一定是创新的。

刘健丰： 好的，谢谢您。今天的采访收获满满，同时再次感谢您能接受我的采访。能采访到您也是我的荣幸。

焦念志： 好的，谢谢刘同学，能与青年同学交流也是我的荣幸。

林 间

国际顶尖海洋地球物理学家，欧洲科学院院士，欧洲人文和自然科学院院士，南方科技大学海洋高等研究院院长、讲席教授，深圳海洋大学筹建负责人，深圳市"十五五"规划专家委员会专家，深圳市城市规划委员会委员，深圳市海洋学会会长。对全球海洋地球科学与地震学做出杰出贡献。历任美国伍兹霍尔海洋研究所亨利－比奇洛杰出海洋学家讲座教授、高级研究员，麻省理工学院－伍兹霍尔海洋研究所研究生院教授，中国科学院南海海洋研究所副所长等。当选美国地球物理联合会 AGU 会士、美国科学促进会 AAAS 会士、美国地质学会 GSA 会士、国际大洋组织 InterRidge 主席等。荣获 2024 年度亚洲－大洋洲地球科学学会（AOGS）最高奖"艾克斯福特奖"，成果入选 2019 年度中国十大海洋科技进展、2021 年度海洋科学技术奖特等奖（第一完成人）、2023 年度中国海洋与湖沼十大科技进展等。在国际顶级期刊 *Nature*、*Science* 等发表系列开创性论文，其论文在国际地震学领域十年引用率全球第一。

最近，一连串小地震袭击了洛杉矶地区，距离我家不远，这让我开始思考这一地质现象。全球每年都会感受到超过 10 万次地震——我能做些什么呢？

在 BBC 登出的一篇文章中，曾在美国地质调查局工作了三十年的美国地震学家露西·琼斯指出："面对危险时，人类渴望找到模式的需求极其强烈。"地震令人恐惧，而更可怕的是它们无法被预测——我们永远不知道下一次"大地震"何时会发生。自远古以来，地震和海啸一直给人类文明带来毁灭性灾害，最早有记录的地震发生在公元前 2000 多年。而我们试图解释地震成因的历史几乎同样悠久。

　　自公元前 300 年起，人类便开始尝试用科学方法预测地震。亚里士多德曾假设，地球内部的风导致地表震动。公元 132 年，在东汉时期，中国科学家、文学家及哲学家张衡发明了已知最早的地震仪——候风地动仪。这个仪器由八条龙首围绕一个大缸排列而成，分别对应八个方位，每个龙首下方都有一只蟾蜍。当地震发生时，一条或多条龙会吐出球体，落入对应方向的蟾蜍口中，从而指示震动的方向。

　　现代地震学在 19 世纪开始真正发展。1850 年，意大利物理学家兼气象学家路易吉·帕尔米耶里发明了第一台电磁地震仪，由水银柱与电磁记录装置组成。1880 年，英国学者约翰·米尔恩、詹姆斯·尤因和托马斯·格雷共同研发了首批足够敏感、可用于科学研究的地震仪器。19 世纪末至 20 世纪初，美国地质学家格罗夫·卡尔·吉尔伯特和哈里·菲尔丁·里德发现，地壳一直在积累弹性应力，每次地震时这些应力在断层错动中被突然释放，触发地震波。日本学者大森房吉研究了大地震的余震活动，并提出了至今仍被科学家使用的数学公式。20 世纪后期，地震学研究取得了巨大进展，最终发展出了我们如今所依赖的地震科学。

　　为了深入了解 20 世纪末至 21 世纪初地震科学的演变，青年新闻联盟采访了原美国伍兹霍尔海洋研究所的高级科学家、原麻省理工学院-伍兹霍尔海洋研究所研究生院教授、国际著名海洋地球物理学家林间院士（Prof. Jian Lin）。他的研究对认知地震、海啸与海洋之间的关系起到了关键作用。在他的论文成为该领域十年内被引用最多的论文之一之前，林院士也曾是一名渴望改变世界的高中生。他对地震预测的兴趣起源于 1976 年唐山大地震，这场里氏震级为 7.8 级的大地震造成了超过 24 万人死亡。林院士当时所念中学的老师组织了一支由学生组成的"地震志愿者"团队，他们每天测量水井水位变化，并用伏特计测量树木之间的电导率等。通过收集各学校、工厂以及其它观测站的数据，当地地震局希望能够提高感知大地震来临前地表变化的能力。

　　"如果所有学校同时报告水位突然上升或下降，地震局就会意识到可能有什么事情要发生了，"林间院士解释道，"作为地震志愿者，我们希望能为地震预测科学贡献一份力量。显然，当时这些方法还局限于群众业余观测。"

　　真正意义的"地震预测"（earthquake forecasting）是能较准确预测一次大地震的地点（location）、时间（time）与震级（magnitude）。这一点，人类至今尚未做到。

　　近十多年来，重要进展发生在"地震预警"（earthquake early warning），即大地震发生后，快速将警报传输给地震波还未到达的地区。地震预警时间很短，一般只有几秒到几十秒。

青年新闻联盟与林间院士探讨了地震科学与海洋科学的新技术发展。通过与林院士的对话，我们认识到海洋研究对于认识地震和海啸的成因至关重要。尽管海洋覆盖了我们这颗"蓝色星球"约 71% 的面积，但仍有 95% 的海域尚未被探索。事实上，我们对火星与金星地形的了解甚至超过了对自身地球海底地形的认知。林院士指出："我们可以向太空发射卫星，用光电磁波直接测量月球、火星与金星等太阳系类地行星的表面高度。但因为电波很难穿透海洋，精确测量地球海底地形就要困难得多，我们只能利用船上的声纳对大洋底作逐块区域测量。"此外，海洋深度无疑给科学家们带来了巨大挑战——珠穆朗玛峰的高度甚至可以轻松地容纳在马里亚纳海沟之内。因此，我们需要不断地开发创新研究方法，不懈地推动海洋科学与地震科学发展。

除了加快与加深科学探索，林间院士还认为，让公众关注海洋同样重要："如果人们在做出重大决策时不了解海洋，他们就不会明白为什么我们必须可持续性地开发海洋，保护海洋，减少海洋污染。"通过提升公众对海洋的认知，林院士希望能更全面地讲述海洋的故事，"无论你年龄多大，生活在哪里，你都已经与海洋紧密相连，从全球气候变化到海洋蓝色粮仓，从海底石油开采，再到海上运输——无论你是否已经意识到这一点。"

Rory Hu

我在加拿大这个广袤的国家出生、成长，接触大自然成为我日常生活的一部分。

我从未住在海边，也不来自海洋性气候地区，但北美洲五大湖那广阔的水域和变幻的风向时常让我感觉离海洋很近。更令人惊讶的是，加拿大实际上拥有世界上最长的海岸线，横跨大西洋、太平洋和北冰洋，总长超过 24.3 万千米。对于生活在内陆的我们来说，却很容易忘记我们与海洋有着多么深的渊源。

很小的时候，我会为海的故事而着迷。随着年龄的增长，我也关注到大海带来的不仅仅是美妙的故事，更多的是未被探知的奥秘。与此同时，我也关注到频发的地震、海啸等灾害给人类文明带来的巨大灾害。在一次组织环境艺术展的活动中，我看到一幅作品，展示了环境污染对海洋生物的巨大威胁，这给我带来很大震撼，为什么会是这样？我们能做些什么？

2025 年 1 月，我和我的公益伙伴 Rory Hu 很幸运采访到国际著名海洋地球物理学家林间院士，一位毕生研究海洋与地球系统的科学家。多年来，极少有人能像林间院士（Prof. Jian Lin）那样，在海洋学和地震研究之间搭建桥梁。经过数十年的探索、研究与创新，林院士及团队为深刻认知地球规律做出了重大贡献。他们的研究从大洋最深的海沟延伸至改变地球的大地震，其揭示的知识不仅推进了科学的发展，还对防灾减灾做出了实质性贡献。与林院士一起探讨学术生涯、研究心路历程以及地球科学的未来，是次难忘的经历。毕竟，能与这样一位真正绘制"未知领域"地图的科学家交谈让我心生敬意——无论是海底隐藏的地貌，还是引发地震的无形力量。

从福建到世界：林间院士的科学之路

　　林间院士的科研之旅始于在中国的成长经历，他的好奇心和学术天赋在早期就已显现。在中国科学技术大学攻读本科时，他选择了地球物理学——这是一门用物理等方法研究地球过程的学科。当时，他主要关注的是陆地上的地震与构造运动。他成长于福建省福州市，这里近邻地震活动频繁的台湾地区，而且在上世纪七十年代，中国发生了多次大地震，因此研究地震对他有着特别的吸引力。后来，当他在美国布朗大学攻读博士研究生时，他的研究兴趣发生了重大转变。在那里，他受到一位美国海洋地球物理学家的指导，开始探索全球大洋及其下方的广袤地球。这一经历成为他走上海洋科研之路的转折点。

　　他很快意识到，覆盖地球表面 71% 的海洋是一个巨大的未知领域。海底隐藏着丰富的地球演化秘密：从大洋中脊海岭的火山喷发形成新地壳，到海沟深处板块俯冲回归地幔深部。"让我着迷的是，我们对海洋的了解竟然如此之少。"他回忆道，"这让我觉得，这是一个值得我一生投入研究的领域。"

　　海洋在地球生态系统中的作用至关重要：调节全球气候，提供丰富资源，并联通世界经济。世界上 80% 的贸易货物通过海上运输，全球近三分之一的石油开采自海洋盆地。此外，海洋还充当气候缓冲器，吸收大量二氧化碳和热量。尽管海洋如此重要，它仍是人类在地球上探索最少的区域。

　　在他的学术生涯中，林间院士带领各国考察队深入研究太平洋、印度洋和大西洋，以及南海和地中海等地缘重地。他的研究帮助科学界勾画了大洋板块如何形成，并揭示了俯冲带如何回归地球深部——这些过程可能引发海底巨大地震和海啸。

　　但研究这些过程并不容易。"这是一门跨学科的交叉领域。"他解释道，"你需要物理学、地质学、生物学、化学、超算等多学科工具，同时还要创新研发深海尖端设备，进行数千米深的水下勘测。"

预测地震的可能性？

尽管林间院士的学术生涯后来主要集中在海洋科学上，他最初的科研灵感却源自地震。

林院士成长于中国福建省，亲历了 1976 年灾难性的唐山大地震对整个中国的震撼。这场地震夺走了超过 24 万人的生命，给当时还是少年的他留下了深刻烙印。在地理老师的鼓励下，他在高中时加入了一支"地震志愿观测队"。他们每天进行基础性观测，比如测量水井水位的变化，监测树木间的电导率等。这些早期的业余科学探索让他产生了强烈的使命感，并促使他在大学时选择了地球物理学。"我希望通过科学研究，有朝一日能预测地震，从而拯救生命。"他回忆道。

随着研究的深入，林院士逐渐意识到，地球上许多超大地震实际上发生在海底。这促使他在后来的科研中，将地震学与海洋科学结合，成为他研究的特色。

地球物理学研究中最紧迫的挑战之一是地震预测（earthquake forecasting）。由于地震的破坏性极强，科学家一直试图找到预测它们的方法。然而，林院士解释说，由于地球内部系统的高度复杂性，以及缺乏入地的有效工具，真正意义上的地震预测——即较准确预测地震的地点（location）、时间（time）与震级大小（magnitude）——至今仍未实现。而在另一方面，地震预警（earthquake early warning）近年来取得了显著进展。

与预测不同，地震预警系统的目标是在地震发生后几秒钟内快速检测并分析地震，然后迅速向可能受影响地区发送警报。在日本等国家，在断层附近部署的传感器可以自动化检测与分析地震，并通过网络迅速发布预警，使居民在地震波到达前几秒收到警报，从而有机会采取临时应急防护措施或撤离危险建筑。

"在过去十几年里，地震预警系统取得了很大进展。"林间院士表示，"比如，当东京近海发生较大地震时，事先布放的传感器可以立即探测到，并在强地震波到达城市之前发出警报。这短短几秒钟的提前量，可能意味着生死之别。"在加拿大，尤其是西海岸的不列颠哥伦比亚省，类似的地震预警正在沿着喀斯喀特俯冲带（Cascadia Subduction Zone）布放。300 多年前，这个俯冲带曾发生过大地震，所产生的大海啸横跨了太平洋，传到了日本。今天这个俯冲带断层依然活跃，仍有可能发生大地震、海啸。对于像我这样住在加拿大东部安大略省的居民来说，可能很少会考虑地震的风险，但事实上，即使是多伦多市也位于一片古老但并非完全稳定的岩层上。我们本地的风险虽低，但并非为零。

　　林院士强调，虽然我们尚无法准确预测地震，但科学进步正在缩小与最终目标的差距。新兴技术，特别是人工智能，正在帮助科学家们解读海量的地震数据。"AI 可成为百万名不停工作的地震学家，检测出人类可能忽略的重要地震信号与规律。"他解释道。"未来，它可能帮助我们更接近真正的地震预测，为大众争取更多的准备时间。"

质疑，才能突破

　　面向对地球科学感兴趣的年轻人，林间院士给出的建议是：不要害怕质疑我们已知的一切。 科学不仅仅是新观测，它更是挑战现有认知，并提出更好解决问题的方案。只有敢于质疑，才能突破人类知识的边界。通过发展先进的研究工具、加强密切的跨学科跨国界合作，以及持有探索未知的勇气，我们终有一天能预测地震这一地球最强大的运动。

　　访谈后，我更意识到海洋对于我们地球的生态系统至关重要，我们对海洋的了解实在太有限了，而等待探索的未知世界是如此广阔。我迫不及待地想分享这次访谈给大家，期待我们一起来探索海洋、关爱海洋、守护我们赖以生存的蓝色星球家园！

Mia Liu

有斯之声记者：Mia Liu

　　Mia 是一位充满热情的加拿大高中生，多项运动的爱好者，她活跃于学校的橄榄球和慢垒队等，同时也是校报 *The Mirror* 年龄最小的副主编，积极参与年鉴、校刊等的编写。Mia 也是"青年新闻联盟"（Youth Journalism Alliance, YJA）的联合创始人。该非营利组织致力于赋予年轻人发声的力量，激发全球对话。Mia 先后采访了诸多嘉宾：社团领袖、专业学者、表演艺术家、环境保护者、政治领袖等。她的报道涵盖众多重要议题，通过引人入胜的讲故事方式，她致力于为不同群体提供信息、引发共鸣，并激励更多的人为社会可持续发展采取行动。除了新闻工作外，Mia 还是一位积极投身社区的青年公益践行者，自幼就在元音琴社、有斯公益、加拿大食物银行等 NGO 组织中践行各种公益活动。在其担任海军少年军团的高级学员时，因其优异表现获得指挥官嘉奖。闲暇时，她喜欢阅读、听音乐、弹古筝、钢琴以及涉猎各种新知识。

有斯之声记者：Rory Hu

　　Rory Hu 是一位美国高中生，全美最大的儿童电视台尼克新闻的记者，曾经采访过苹果首席执行官蒂姆·库克、前迈阿密马林鱼队总经理 Kim Ng 等多位商业大咖，以及多位美国内阁成员，包括美国财政部长（前美联储主席）Janet Yellen、前白宫新闻秘书 Jen Psaki、美国交通部长 Pete Buttigieg 等。曾获得 *TIME for Kids Reporter* 全国大赛冠军并入选 *TIME for Kids* 杂志 10 强儿童记者；还获得全美 NSDA 中学生演讲辩论赛冠军、Gloria Barron 青年英雄奖、Caroline Bradley 学者奖学金，并获得艾美奖提名，在美国最负盛名的 Broadcom MASTERS 上赢得 1 万美元的国防部 STEM 人才奖。

走进蔚蓝世界：林间深海探索、
攻克地震谜团的坚守与突破

各位读者好！我是 Mia，是一位来自加拿大的高中生。2025 年 1 月 17 日，我与来自美国的高中生 Rory 一起，有幸采访了林间院士（Prof. Jian Lin）。多年来，极少有科学家能够像林院士那样深度融合海洋科学与地震科学两大领域。凭借数十年的全球海洋发现与学术创新，林院士为国际地球科学发展以及中国海洋事业做出了杰出贡献。从首次精密测量"地球第四极"马里亚纳海沟"挑战者深渊"的内部结构，到揭示地球超大地震之间的相互作用，林院士领导中外科学家团队群做出了一系列重要原始科学发现，创建了具有广泛影响力的理论。林院士对事业的执着让我们由衷敬佩！非常感谢林间院士通俗易懂的专业讲解，让我们获益匪浅。在此，我们号召全球青少年朋友们，一起投入到探索地球与保护海洋的伟大行动中，为人类的美好未来贡献自己的力量。

🎙 **Mia：** 请您为我们的读者简要介绍一下您的研究领域与核心工作。

🎤 **林间院士：** 各位读者朋友们好！我们的研究涉及两大领域。第一个领域是海洋科学，尤其是海洋下的地球。我们团队研究过世界各大洋，包括太平洋、印度洋、大西洋、北冰洋、南大洋等。我们也研究边缘海，包括南海、加勒比海、地中海等。我们的第二大研究领域是地震科学，我们研究全球的陆地大地震与海底地震，尤其关注一次大地震如何影响周边地区的未来地震。

🎙 **Mia：** 为什么您会选择研究海洋？是什么激发了您对海洋科学的兴趣？

🎤 **林间院士：** 海洋覆盖了地球表面积 71% 之多，对气候变化、资源开发、海上运输、国家安全等都至关重要。今天全球石油产量中约 1/3 来自海底，天然气也大量源于海底。海洋对全球运输也至关重要，约 80% 的货物通过海运到达世界各国。海洋还是最重要的气候与二氧化碳"调节器"。总之，人类离不开海洋。

1982 年，我从中国科学技术大学本科毕业，随即前往美国，在常春藤名校布朗大学攻读硕士与博士。我的博士导师之一是 Don Forsyth 院士，他是麻省理工学院（MIT）与伍兹霍尔海洋研究所（Woods Hole Oceanographic Institution ——简称 WHOI）海洋联合研究生项目（简称 MIT-WHOI Joint Program）的首届博士。在布朗大学，我首次接触到海洋这一激动人心的科学。我被大洋的浩瀚与神秘所吸引，从此开启了研究全球海洋的学术生涯。

1988 年，我从布朗大学博士毕业，随后到美国伍兹霍尔海洋研究所担任科学家，同时任教于 MIT-WHOI Joint Program，开始培养 MIT 博士生，教 MIT 课程，与 MIT-WHOI 同行一起做研究。我与学生们以及同事们多次出海，在美国、中国、英国、法国、韩国等国家的科考船上作过研究。我们的研究范围从海上实验到尖端技术研发，再到超算地球动力学模拟，全面向大洋发展。

我的另一个研究领域是地震学。在福建省福州市第一中学念高中时，我就开始参与研究地震。1976 年，中国北方城市唐山发生了一场里氏 7.8 级特大地震，造成 20 多万人死亡。当时，高中地理老师组织我们成立了地震兴趣研究小组。我们每天监测一口废井的水位变化——在水面上放一块平板，用滑轮线长度去测量水位升降。我们还在两棵大树之间插入电极，称之测量"植物电"；在两个地块插入电极，测量之间的"土地电"。每天，我与同学们打电话将数据上报给福州市地震局。少年时期的这段经历很特殊，它激发了我对研究地震的热情。

1977 年，我从福州市第一中学高中毕业。同年 12 月，我参加了改革开放后的首次高考，考入中国科学技术大学。我直接选择了地球物理学专业，希望有朝一日能帮助预测地震。

在布朗大学读博士期间，我到位于美国加州旧金山附近的美国地质调查局（U.S. Geological Survey），开始参加在美国国家地震研究中心（National Earthquake Research Center）以及南加州地震中心（Southern California Earthquake Center）的合作研究。我的主要合作者是国际著名地震学家 Ross Stein 教授。几十年来，Stein 教授及团队是我们最紧密的科学合作者。我们一起研究过一系列全球超大地震，包括发生在美国加州、日本、中国汶川、智利、印度尼西亚、土耳其、阿尔及利亚的各种类型的大地震。

🎤 **Mia**：在您的科学研究生涯中，您认为自己最重要的贡献是什么？为什么它是如此重要？

🗣 **林间院士：** 这个问题也分为两个方向来讲。第一个方向是地震研究：我们的核心贡献之一，是建立了大地震应力变化的理论模型，用来定量计算与评估一次大地震如何影响周边地区未来发生地震的可能性。地震发生在地块的破裂面上，地震的震级越大，其应力影响范围越广。例如，2011 年 3 月 11 日，在日本东北外海发生了里氏 9.0 级的海底大地震，其破裂面南—北长约 350 千米、东—西宽约 50 千米，并引发了灾难性海啸，最后造成了福岛核电站的放射性污染物在太平洋扩散。我们团队建立了三维地震应力的快速计算方法，称之为"库仑应力"算法（Coulomb Stress）。我们研发的软件被世界各国的科学家广泛应用。我们还对美国南加州大地震做了系统研究，后来成为地震领域全球十年引用率最高的论文。

第二个方向是海洋研究：我们最重要的贡献是对全球大洋板块构造与动力学进行系统研究。我们的研究包括板块"出生地"——洋中脊（mid-ocean ridges）、板块"消亡地"——大洋俯冲带（subduction zones）以及海洋大火山热点（hotspots），如冰岛、夏威夷等。我们也研究火星（Mars）与金星（Venus）上的大火山构造。在大西洋洋中脊（Mid-Atlantic Ridge），我们发现了惊人的"重力牛眼圈"现象，首次揭示了洋中脊是由多个独立的海底扩张段组成，每个扩张段长度为 20 ～ 80 千米。根据在全球大洋中脊的观测，我们提出了慢速中脊三维地幔"主动上涌"的假说，成果发表在 *Nature* 等国际顶刊上。后来我们在西南印度洋（Southwest Indian Ridge）与北冰洋（Gakkel Ridge）等做了大量地震实验，奠定了系统理论的基础。我们对大洋中脊的研究，也形成了一系列高引用率论文，并推动了多国的海上实验。

2015 年起，我到中国科学院南海海洋研究所领导大洋研究，我们的研究重点转向了俯冲带。俯冲带是深海海沟所在之处，比如，马里亚纳海沟（Mariana Trench）、日本海沟（Japan Trench）和智利海沟（Chile Trench）等。地球板块在这些地方相撞，其中较重的板块会沉入地球内部，产生大地震，超大地震会引发灾难性海啸。我们团队成功完成了首次跨越"地球第四极"——马里亚纳海沟最南端的高精度地震实验，揭示了"挑战者深渊"下的地球内部结构，对研究海沟大地震与海啸机制具有重要意义。我们团队还在印度洋成功实施了首次中国—巴基斯坦联合科考航次，揭示了莫克兰海沟（Makran Trench）的大地震对瓜达尔港等重要港口的海啸危险性。

🎙 **Rory：** 您曾被《纽约时报》作为专家采访，并且您的研究论文成为十年来全球引用次数最多的论文之一。在您看来，地球物理学研究对防灾减灾能发挥怎样的作用？您的研究如何帮助我们更好地应对地震或海啸？

🎙林间院士：有史以来，人类就期待有朝一日能预报地震。然而，至今精准地震预报还做不到。精准的地震预报（earthquake forecasting）要有三要素，即在地震发生前能较准确预报地震的发生时间（time）、地点（location）和震级大小（magnitude）。目前人类还未做到精准地震预报，其核心原因之一是我们尚缺乏直接探测地球内部的有效手段。大地震一般发生在地下几十千米，但目前钻探深度最多只能到达万米。但近些年来科学家们还是取得了重要进展，如利用卫星来监测厘米级的地面变形。

一方面，我们认为人工智能（AI）有可能带来革命性的改变。其实地球每天都在震动，而且我们的地震仪器每天都在全球记录地球震动，只是我们尚不知道这些小震动之后是否会有大震动。目前全球多个科学家团队正在训练计算机深度学习，力求读懂微小震动所发出的重要的地球内部信息。我们寄希望于人工智能帮助我们有朝一日实现精准地震预报。

另一方面，过去十年，科学家在地震早期预警（earthquake early warning）方面取得了重要进展。地震预警是指一次地震已经发生后，科学家通过电子设备对地震波还未到达的地方发布预警。电子信号的速度比地震波传播速度要快很多，因此在地震波还没传播到某一地点时，预警电信波可以先到达。如今，科学家们在许多地区（包括水下）安装了仪器与网络，当大地震发生时，仪器就会自动引发预警，并通过互联网广泛传播。例如，在日本东京的咖啡店里，如果所有人都突然低头看手机，通常是因为大家手机上都收到了地震预警，然后大家就可以数着秒钟，等待地震波的到来。地震预警能实现是因为地波的传播速度（平均每秒3～5千米）要比电信号慢很多。如果你距离震中40千米，你会有大约10秒的预警时间。但需要注意的是，地震预警还不是地震预报，预警的时间一般很短。未来，借助人工智能与新技术的发展，我们期待人类可以真正预报地震。

🎙Mia：您研究海底板块多年，是否注意到您所研究领域的物理变化？随着时间推移，这一领域是如何发展的？

🎙林间院士：海洋科学与地震科学领域都已经发生了巨大变化。当我第一次在大西洋进行海上考察时，我们是通过业余无线电网络进行通信的。每当你说完一句话，就会说"Roger, over"。而现在可以每天24小时使用互联网，从海上将数据实时传回。现在我们可以投放水下自主航行器（Autonomous Underwater

Vehicle），让它 24 小时在水下自主行驶，不间断调查。在地震研究方向，新型卫星的广泛应用也带来了巨大变化。使用高精度卫星可以记录到地面毫米级别的微小形变。这些领域中的技术飞跃正在帮助人类更好地了解地球。

> 🎙 **Rory：** 您为教育做了这么多贡献，您正在创办深圳海洋大学，还是两位成功的哈佛毕业生的父亲，现在您正在推动建立一个全球联盟，旨在推动中小学的海洋素养教育。您能与我们分享一下为什么海洋素养如此重要吗？您对这一倡议的未来计划是什么？

🎚 林间院士： 2020 年，我来到深圳这座极有活力的城市，在南方科技大学任讲席教授，同时兼任海洋高等研究院院长，深圳海洋大学筹建负责人。我们关注青少年科学教育，既是对社会的回馈，亦是科学精神的传承。高中时期，我在老师的启蒙下开始对科学产生兴趣。而我的两个孩子在美国长大，生活在不同国度与时代，可喜的是，他们在中学时也深度参加了科学研究。美国伍兹霍尔海洋研究所位于美国东北部波士顿以南。它所在的镇子有 6 个顶级海洋研究教育机构，住有一大批世界一流科学家、工程师与科研机构人员，包括多位诺贝尔奖获得者。他们既是科学工作者，也是家长，都非常热心帮助中小学生成长。镇上的许多中学生们都受到专业科学家团队的指导，直接在实验室参加科学研究项目。我的两个孩子都在位于伍兹霍尔的海洋生物实验室（Marine Biological Laboratory）做过研究。这些训练提升了学生们的逻辑思维、动手实践以及分析能力，同时有效地提升了作口头报告、制作展板、写文章的表达能力。

目前，无论在中国、美国，还是在世界各地，公众对海洋重要性的认知还远远不足。2024 年，我们在深圳成功申请了联合国"海洋十年"的"提升全民海洋素质"的合作伙伴项目（Partnership Implementation Program）。我们正在实施多种创新措施，包括科学家进中学兼任科技副校长，建立"海洋素养指数（Ocean Literary Index）"等，目的是让更多的人了解海洋的核心作用，参与全球海洋治理。

> 🎙 **Rory：** "青年新闻联盟"也有相似的愿望，就是回馈帮助我们的人并传播这些重要议题。希望能与您合作，帮助推广海洋倡议，促进海洋素养教育。

🎚 林间院士： 我们都是这个美丽蓝色星球的一部分，这也是我们唯一的家园。你们、我们的故事，都是相通的。非常感谢你们做出的巨大努力，为全球青少年做出了榜样！

阿德里安 · 马丁
（Adrian Martin）

英国国家海洋中心（National Oceanography Centre，NOC）的资深海洋科学家，专注于海洋生物地球化学和生态系统动力学研究。他在海洋碳循环、浮游生物生态学及海洋与气候变化相互作用领域享有国际声誉。

  阿德里安 · 马丁博士是一位海洋生物地质化学研究专家，研究暮光带碳与生物多样性关联，利用机器人技术解析其对气候至关重要的生态影响。此次采访是为了让大家更加了解海洋暮光带知识，以及更加重视海洋污染治理。

  我从小痴迷海洋的深邃与神秘，《地球脉动》中跃动的生命更让我坚信：海洋是地球跳动的蓝色心脏，也是我灵魂的挚友。我眼中的海洋科学不仅是探索未知，更是守护这份脆弱的美——从减少污水排放到保护珊瑚礁，每一份努力都在为减缓全球变暖"降温"。参与本次活动，我希望用笔尖传递海洋的呼唤，推动公众关注与政策行动，让更多人意识到：保护海洋，就是守护人类共同的未来。

  此次采访聚焦海洋暮光带研究动机、生态定位（如碳循环枢纽）、生物适应性（如发光机制）、气候与人类活动威胁（变暖、开发）以及技术瓶颈（探测技术），探讨其科学意义（碳泵、未解之谜）、保护策略，并呼吁青少年关注海洋科学，培养探索精神。希望大家通过此次采访，能够更加了解海洋暮光带，或者燃起对海洋的热情。话不多说，让我们一起走进这一期采访吧！

有斯之声记者：许闵媛

　　许闵媛，英文名 Emily，12 岁，是 Homeschool 的小学生，热爱海洋生物及全球生态系统、艺术和辩论。从小阅读了海量的中英文读物，其中包含小说、杂志、海洋科普及与全球环境相关的书籍。热爱辩论，多次在辩论中探讨全球环境对经济和人类社会的影响。在辩论方面，从五年级开始参加英文辩论，2024 年多次获全国一等奖，跻身四强，还多次获个人优秀辩手等奖项。

　　在艺术领域，2024 年 6 月 7 日，其作品《拯救塑料海洋》荣获日本国际儿童漫画樱花奖金奖，目前她正在筹备个人手工艺术品牌和作品集，期待未来在艺术和 STEAM 领域有更多的作品和思考。

访谈 3

深蓝边界：
阿德里安·马丁的暮光带探索之旅

🎤**许闵媛：** 马丁博士您好！非常感谢您接受今天的访谈。我一直在学习您关于海洋暮光带（介于阳光区和深海黑暗区之间的深蓝世界）的卓越研究成果。话不多说，我们直接开始采访吧！我的第一个问题是：在您的科研生涯中，是什么促使您开始研究海洋暮光带？是否有某个时刻让您意识到这一领域至关重要？

🗣**阿德里安·马丁：** 艾米丽，感谢你的邀请，能与诸位交流令我倍感荣幸。我对海洋的痴迷始于少年时期——十三四岁时，我便热衷于航海与帆板运动。尽管成长于德国内陆，高中毕业后我就选择进入基尔大学攻读气象学与海洋科学，自此开启了科研生涯。若以岁月丈量，我投身海洋研究已近 40 年。

海洋于我而言，始终是一片深邃、幽暗、寒冷而咸涩的迷人领域。我的研究长期聚焦深海，尤其是暮光带——这一介于光明与永恒黑暗之间的过渡层，既孕育着无需光照便能适应微光环境的独特生物，又因洋流在此输送热量、盐度、氧气与养分，成为全球气候系统与物质交换体系的关键枢纽。尽管我的学术背景偏向物理海洋学，但暮光带的多重科学价值（从生态系统到气候调节）始终牵引着我的探索热情。30 余年来，这份热忱未曾褪色，至今仍在驱动着我的研究工作。

🎤**许闵媛：** 马丁博士，您的深海科考经历令人赞叹。是否曾有一次探索令您尤为震撼，并让您对海洋生命的活动规律产生了颠覆性认知？

🗣**阿德里安·马丁：** 当然，系统的学术训练（如大学时期对物理海洋学与海洋科学的研习）赋予我理论层面的预期框架。但深海——尤其是暮光带——始终是充满未知的探索前沿。以我主持的一次北极科考为例，当考察船突破冰缘区时，我们通过 CTD 温盐深剖面仪向海底约 2000 米处投放设备，同步使用海流计测量流速。

在近底探测中，我们意外观测到一股高密度冷盐水体沿陆坡下泄，其形态宛如海底瀑布，流速竟达 1 ~ 2 米 / 秒——这接近人类疾步行走的速度，远超深海通常的毫米级缓流（例如，湾流深层流速仅约 0.1 米 / 秒）。此类海底强流的发现，彻底颠覆了我们对深海动力过程的认知，也印证了海洋探索的永恒魅力：当你凝视深渊时，深渊会以意想不到的方式震撼你。

🎤 **许闵媛：** 若将海洋视作生命构筑的宏伟都市，暮光带在其中承担何种角色？它是类似一个隐秘的地下世界，还是连接海洋生物不同层级的枢纽？

🔊 **阿德里安·马丁：** 尽管鲸类或鲨鱼可短暂潜入暮光带捕猎，但这一中层海域的独特性在于其生态位的高度特化：缺乏光照却非绝对黑暗，低温高压却非贫瘠死寂。尤为引人注目的是，海底山脉（如从洋底隆起至水下十余米的平顶海山）贯穿该区域，形成冷水生物廊道——这些水下"绿洲"使底栖生物与中层水域物种得以交互，例如，通过海山斜坡的上升流输送营养物质。

以我现居的沙特阿拉伯类比：若邀请诸位穿越沙漠，我必会引您直抵绿洲——那里棕榈成荫、生机盎然。同理，暮光带内的海山恰似"深海的绿洲"，虽远离阳光且寒冷刺骨，却因独特的地形 – 水流耦合效应，成为生物多样性热点。据估算，全球超过 30% 的深海特有物种聚集于此，而其中仍有大量未知生命形式等待揭示。这正是暮光带研究的终极魅力：它既是生态系统的连接器，也是生命演化极限的见证者。

🎤 **许闵媛：** 与海洋表层或深海区域相比，暮光带生物最显著的特征是什么？能否举一个具体案例，直观展现其独特性？

🔊 **阿德里安·马丁：** 艾米丽，如我所言，我并非海洋生物学专家，因此我的见解基于间接资料，但仍尝试回答这一问题。暮光带的独特之处在于：此处既无阳光（无法支撑光合作用），亦非完全黑暗，从而迫使生物演化出特殊生存策略。

该区域生物多以凝胶态为主（如水母），而硬骨鱼类相对稀少——后者更倾向栖息于海底或浅海。部分生物（如樽海鞘）会进行昼夜垂直迁徙：日间潜入暮光带躲避捕食者，夜间上浮至表层摄食，形成规模惊人的"生物泵"（每日全球约 50 亿吨生物量参与此类迁移）。

大型生物如鲸类也会潜入暮光带捕食磷虾，但更多小型生物则依赖海洋雪

（表层有机物持续沉降）为食。尽管此区域光照微弱、营养有限，但可以孕育出高度特化的物种群，例如，能高效捕集沉降颗粒的深海火体虫（Pyrosoma）。

从某种意义上来说，暮光带类似海洋中的"生态极限实验室"——生命在此以迥异于常规的方式存续，其适应机制为理解生命边界提供了独特视角。

🎤 **许闵媛：** 好的，接下来的问题是：暮光带生物如何在一片光照微弱、极度寒冷且高压的环境中生存？是否存在某种生物的生存策略让您觉得尤为惊叹？

📻 **阿德里安·马丁：** 最令我惊叹的是凝胶生物（如樽海鞘）的浮力调控机制——它们通过分泌黏液构筑半透明囊泡，精准调节自身密度以悬浮于特定水层。例如，深海火体虫的凝胶结构可承载微型生态系统（如共生桡足类、端足类甲壳动物），形成直径超 10 米的"漂浮生命岛"。

🎤 **许闵媛：** 在被称为"深海信号"的暮光带生物发光现象中，这种光芒究竟承担哪些功能？是否存在我们尚未完全解析的特殊用途？

📻 **阿德里安·马丁：** 在海洋中，生物通信主要通过两种方式进行。在陆地上，我们依赖视觉、声音和气味，而在海洋中，远距离通信尤其依赖声波，例如，鲸类利用声呐进行交流。然而，对于凝胶生物（如某些浮游动物）来说，使用声波会消耗大量能量，因此它们更倾向于利用光学信号——通过发光序列和色彩变化进行通讯。这类似于人类通过穿着不同颜色的衣服向他人传递信息，但海洋生物的光信号功能更加多样化：例如，鲛鱇鱼利用前端发光器官吸引猎物聚集，然后捕食；而其他海洋生物则通过闪烁或改变光色传递信息，如向同类发出"准备交配"或"感到威胁"的信号。因此，光在海洋生物中扮演着复杂而多样的角色，展现了海洋生物独特的生存策略。

🎤 **许闵媛：** 这是我第一次听说有鱼类能发光，真是令人惊叹！那么，暮光带生物与其他海洋区域（如表层与深海）的食物链是如何连接的？这种食物链是否容易断裂？

📻 **阿德里安·马丁：** 我认为这是一个很好的问题！暮光带生态系统确实依赖于从表层沉降的营养物质和颗粒物，我们称之为"海洋雪"。这些物质是食物链的一部分，而其他生物如磷虾，甚至一些大型鱼类也会潜入暮光带捕食。不过，暮光带生物主要还是专注于适应其独特的环境。

然而，如果表层生物消失，营养物质停止降落，暮光带食物链也会随之断裂。此外，随着气候变化和海洋变暖，许多暮光带生物对温度非常敏感，它们需要保持在特定温度范围内。如果水温上升，它们要么迁移到更冷的水域，要么面临生存危机。同时，全球变暖导致海洋氧气含量下降，而许多生物依赖水中的氧气生存，如果氧气含量过低，它们将无法存活。

尽管如此，相较于陆地食物链，暮光带食物链目前可能更为稳定，因为海洋的巨大体积为生物提供了相对稳定的生存环境。

🎤**许闵媛：**随着当今全球气候变化的加速，我的问题是：既然我已提到全球气候正迅速变化，暮光带生物的生存方式是否已经发生了显著改变？科学家们是否观察到了一些值得我们警惕的迹象？

🗣**阿德里安·马丁：**研究暮光带生态系统需要依赖尖端技术——这一深海区域的高压与高盐环境使观测极具挑战，目前主要手段包括深潜摄像（部署耐压光学设备记录生物行为）、网具采样（对凝胶生物损伤较大但仍是传统方法）以及新兴的环境 DNA 分子分析技术（通过水体基因片段解析生物多样性，该技术应用不足 10 年）。由于历史数据匮乏（40～60 年前仅存零星的鱼类标本采集数据），我们难以量化过去半个世纪该区域的生态演化：例如，无法通过碎片化样本追溯生物量变迁趋势，也难以评估环境压力对物种的长期影响。事实上，当前约 70%的深海物种描述基于近 10 年的发现，这恰恰折射出暮光带研究的特殊性——它既是技术驱动的前沿探索领域，又是生态基线模糊的认知荒漠，人类对其真实变化程度的理解仍处于拓荒阶段。

🎤**许闵媛：**如果我们不采取任何措施保护暮光带，可能会对该区域造成哪些危害？我们现在能采取哪些行动来保护它？

🗣**阿德里安·马丁：**海洋酸化对深海生物的影响机制主要体现在三个层面：首先，海水 pH 值下降导致碳酸钙饱和度降低，例如，翼足类浮游动物（如 Limacina helicina）的霰石壳体在 Ω 值小于 1 时开始溶解，造成其浮力丧失（下沉速率增加 50%）并无法维持垂直迁徙；其次，酸化环境（pH 7.6～7.8）会使血蓝蛋白携氧效率降低 30%，致使头足类（如鱿鱼）的最大游泳速度下降 40%；

此外，酸性水体还会改变声波传导速率，使鱼类侧线系统对猎物振动的探测半径缩减至正常值的 60%。这种变化具有不可逆性——深海碳酸盐补偿深度（CCD）因酸化每年上移 1～2 米，导致 2000 米以上的浅色钙质沉积区面积已缩减 15%，必须通过全球碳减排与海洋碱化工程（如投放橄榄石矿物）协同应对，才能缓解这一威胁生命存续的化学剧变。

🎙️**许闵媛：** 随着我们开始开发深海资源，您是否已观察到这些活动如何影响暮光带生物的生存？最需要警惕哪些问题？

📢**阿德里安·马丁：** 暮光带（海洋中层带）的生态系统确实存在独特敏感性——当我们靠近海底山脊或沿海区域时，发现这些水域栖息着特殊鱼类种群（如鳂鱼等）。随着工业化捕捞的扩张（使用拖网和特定渔具），我们正在改变暮光带生物的生存环境。商业捕捞，尤其是过度捕捞已成为严峻问题：浅海资源枯竭迫使捕捞深度下探（当前中层拖网作业最深已达 1200 米），导致鲨鱼等顶级掠食者数量锐减（过去 7 年某些鲨鱼种群生物量下降超 70%）。鱼翅贸易等文化习俗加剧了这种破坏，而海豚等哺乳动物的兼捕死亡更凸显出生态管理的失效。本质上，移除高营养级生物将引发食物链结构的不可逆畸变，这要求我们尽快建立基于种群恢复力的捕捞配额制度。

🎙️**许闵媛：** 您认为气候变化对海洋暮光带最大的影响方式是什么？

📢**阿德里安·马丁：** 是的，我们之前讨论过这一点——气候变化将导致暮光带变暖，同时二氧化碳浓度升高引发海洋酸化，这两者共同对这片静谧海域产生实质性影响。

🎙️**许闵媛：** 在您的研究中，我们需要哪些新技术来更全面地了解深海系统和暮光带？

📢**阿德里安·马丁：** 我们需要更多能在暮光带使用的机器人，并配备更先进的摄像系统。同时，基因分析技术（如 DNA、RNA 检测）和其他新兴工具正在发展。未来 10 年内，更多新技术将帮助我们全面解析深海、海山系统和暮光带。

🎙️**许闵媛：** 暮光带中还有哪些尚未发现的秘密？

📢**阿德里安·马丁：** 我们在暮光带中发现了新生物和物种。目前对这里的生态有大致了解，但细节、生物间联系及系统运作仍未知。预计会发现新功能、基因或对医药研究有帮助的动物亚类，但可能不是岛屿或大型生物这类显著存在。

🎤 **许闵媛：** 一名优秀的海洋科学家应具备哪些重要品质？

🗣 **阿德里安·马丁：** 好奇心、对新发现的开放态度，以及对海洋物理学的深刻理解。此外，善于团队合作也是成为优秀海洋科学家的重要素养。

🎤 **许闵媛：** 对未来想研究海洋的年轻人，您有哪些建议？

🗣 **阿德里安·马丁：** 海洋是值得探索的奇妙领域——它连接全球生态系统，对人类至关重要。保持好奇心、专注力，并理解海洋研究的意义，是年轻人应培养的思维习惯。

🎤 **许闵媛：** 对想从事海洋研究的孩子的父母，您有何建议？

🗣 **阿德里安·马丁：** 若孩子热爱海洋科学，请支持他们的选择。鼓励他们的求知欲，培养他们的开放性思维，这是一条充满国际视野、文化交融和科学挑战的精彩道路。

🎤 **许闵媛：** 您对未来暮光带研究有何期待？

🗣 **阿德里安·马丁：** 我期待发现新生物或新的生态关联性，科学探索的本质正是不断揭开未知。

🎤 **许闵媛：** 对初中生未来想学习海洋科学，您有何建议？

🗣 **阿德里安·马丁：** 追随热情！阅读书籍和网络资料，在校努力学习，与亲友分享兴趣。保持这些联结，你会更容易成为海洋科学家。

张占海

现任中国大洋矿产资源研究开发协会理事长，自然资源部原总工程师、研究员，2022联合国海洋大会中国政府特使。张占海毕业于北京大学数学系，芬兰赫尔辛基大学海洋学博士，首批"新世纪百千万人才工程"国家级人选，长期从事海洋数值预报模式研究与应用、极地海洋－海冰－大气相互作用过程以及对气候变化的影响研究，曾担任中国第2次北极科学考察队和中国第21次南极科学考察队领队兼首席科学家，南极研究科学委员会（SCAR）副主席，2007/2008第四次国际极地年科学委员会委员，联合国政府间海洋学委员会西太平洋分委会主席。主持编制《"一带一路"海上合作设想》《联合国"海洋十年"中国行动框架》。

采访张占海教授是一次非常愉快和有启发性的经历。

我在采访前学习了一些张教授的资料，采访在张教授的办公室进行，张教授平易近人，非常健谈，一开口就把我带进了海洋科学的大门。

张教授首先谈到了海洋保护问题。海洋对全球气候系统、生态系统以及人类生活有非常重要的作用。海洋不仅是地球气候的调节器，还提供了丰富的生物资源和矿产资源。但是随着人口剧增、污染加剧，海洋承受了巨大压力。为保护和可持续利用人类赖以生存发展的海洋和海洋资源，联合国将2021—2030年定为"海洋科学促进可持续发展十年"，号召各国参与"海洋十年"的行动，建立全球海洋治理体系。

张教授建议通过教育、媒体和公共活动，加强普通民众保护海洋的意识和参与度，让更多的人了解海洋的现状和面临的威胁，从而激发公众参与海洋保护的积极性。

张教授说海洋研究需要培养大批优秀青年学者，可以通过"海洋十年进校园"

等活动，加强青少年对海洋知识的理解。听说我们学校有海洋社团，张教授非常高兴，他鼓励我们要参与到海洋学科知识普及和海洋保护的宣传中，运用创新思想，把新兴技术应用到海洋研究中。

张教授还给我讲述了他在南极和北极考察的经历。我国从 1984 年第一次南极科考开始，一共组织了 40 次南极考察，已构建起五站、两船、一固定翼飞机、大规模内陆车队协同运行的基础设施和支撑保障体系，在海洋科学、冰雪科学、大气科学、天文科学等方面取得了大量重大发现。极地科考是艰辛的，但通过张教授讲述的小故事，我了解到极地各国科考队员之间有相互帮助的精神，极地是人类共有的，研究极地是人类共同的课题和责任，人类要和平利用和有效治理极地。

采访过程将近 3 个小时，张教授把他与海洋的故事娓娓道来，我看到了一位为我国海洋事业做出杰出贡献的科学家，更看到了一位对自己的工作充满热爱的科学家，同时他对我们年轻人的期待与嘱托，让我看到了一位对我国乃至人类海洋事业的未来深度思考的科学家。

这次采访让我对海洋研究有了更深的理解，对科学家们的奉献精神充满敬意。我相信，正是因为有像张教授这样孜孜不倦、勇敢探索的科学家，才能不断推动人类对世界的认知，拓展科学的边界。未来，我希望能用自己的方式参与到海洋的探索和保护工作中，为推动海洋可持续发展贡献自己的力量。

有斯之声记者：丁之妍

中国人民大学附属中学十一年级学生。丁之妍从小就对海洋非常感兴趣，进入高中后成为海洋社副社长，举办了很多海洋学相关的讲座和研讨会，主要致力于研究海洋保护相关内容。

访谈 4

从"风暴之眼"到"海洋十年"：
张占海四十年海洋与极地使命

丁之妍： 张教授好，我是来自中国人民大学附属中学的丁之妍。很高兴今天能有机会采访您，向您请教海洋研究方面的一些问题。我了解到您的研究涵盖海洋数值预报、极地海洋海冰、气候变化等多个领域，您目前最关注的研究方向是什么？是否有最新的研究成果可以分享？

张占海： 谢谢，很高兴接受之妍同学的采访。我从事海洋研究已有 40 年，经历了两个主要阶段。第一阶段是从 1984 年毕业到 2007 年，这段时间我在科研单位工作，主要研究风暴潮、海冰数值预报模式及其应用。2001 年后，拓展到极地海洋研究，重点研究北极海冰、大气与海洋相互作用以及对气候变化的影响，特别是对中国和东亚地区气候的影响，这也是我一直都非常关注的研究领域。

第二阶段是 2007 年后，我调入国家海洋局机关，转向海洋管理工作，主要负责策划并组织实施与海洋领域相关的国家开展国际合作，代表中国参与多个国际组织的工作，例如，联合国政府间海洋学委员会、东盟、欧盟、APEC、环印度洋联盟等全球或区域性国际组织；组织研究制定并监督实施海洋战略与规划、开展海洋经济统计调查、制定促进海洋经济发展的政策措施等。这一阶段的工作不是直接从事海洋科学研究，而是研究如何将海洋科学研究的成果上升到海洋政策和治理层面，用于解决海洋领域的实际问题，服务于可持续发展，是融合自然科学与社会科学的综合性海洋研究。

丁之妍： 您的研究涉及多个领域，涵盖广泛，令人钦佩。

张占海： 我科研生涯完成的第一项工作是建立中国海风暴潮数值模式，该模式就是利用数学方法预测台风影响下的海洋变化，研究风暴潮增水引发的沿岸地区灾害，并发展风暴潮漫滩数值预报模式。这项研究对于政府在预防灾害、人员撤离等应急指挥决策方面具有重要意义，1989 年获得国家海洋局科技进步一等奖。

这之后我开始研究渤海海冰数值预报模式。渤海每年冬季都出现海冰，影响航运和石油平台生产，因此需要及时的海冰预报。我承担并完成了中国首个业务化海冰数值预报系统，每日为用户提供海冰预测，供航运及生产作业预防海冰灾害参考。这项成果获得国家科技进步三等奖。

2001 年，我转向极地研究，2003 年调任上海中国极地研究中心主任，专注于极地海冰对气候变化的影响，先后主持了两项国家自然科学基金重点研究项目和国家科技重点研发计划有关项目，重点研究北极海冰变化对中国气候的影响。我们的研究发现，北极前一年秋季海冰大量减少与中国冬季极端天气存在显著相关性。例如，2008 年中国南方的特大雪灾，就与前一年北极海冰的急剧减少密切相关。

后来，我们团队的研究还扩展到南极，特别是南极冰间湖的形成及其对全球温盐环流的影响。南极冰间湖是被海冰包围的一年四季不冻结的开阔水域，受陆地下降风影响，海水冻结形成的海冰不断被强风吹走，并释放盐分，导致高密度海水下沉，形成南极底层水，对全球温盐环流及气候的长期变化具有重要调节作用。我们近期的研究摸清了南极冰间湖的真实数量，并获得了冰间湖产冰量的新估算方法，构建了国际上第一个具有真实冰架形状且融合潮汐过程的罗斯海区域高分辨率耦合模式。

丁之妍： 感谢您分享这些宝贵的研究成果，期待未来您和团队在海洋科学领域取得更多突破！作为北京大学数学系毕业生，您为何选择投身海洋科学？在跨学科研究的过程中，是否有某个关键时刻让您坚定了这条道路？

张占海： 这个问题很有意思。应该说，我进入海洋科学领域，既是偶然也是必然。

1984 年大学毕业后，我被分配到国家海洋局。那个时候我们还是实行分配制度，我来到国家海洋环境预报中心，主要从事海洋环境预报工作。由于我的数学背景，在这个领域正好能发挥作用。

当时，大型计算机的使用还不是很广泛，全球范围内的海洋数值模式研究正处于起步阶段，海洋预报正从经验预报向数值预报迈进。数学在建立海洋数值模式中起到了非常重要的作用，尤其是在如何将海洋动力学方程、热力学方程等转换为可用计算机计算的模式。海洋的运动是一个典型的非线性系统，理论上没有解析解，因此需要借助数学方法，比如差分方法、有限元方法，将非线性问题简化为线性问题用计算机求解。

🎤 **丁之妍：** 那么在这个过程中，您是如何从数学的理论研究走向实际应用的呢？

🎙 **张占海：** 进入海洋领域后，一下子发现数学的理论知识与实际应用之间存在很大差距。一开始我并不知道如何将数学知识应用于海洋数值模式的建立，更不用说如何将这些数学模型转化为计算机代码，进而进行数值计算和模拟。

有两位恩师对我的职业生涯影响最深。

第一位是吴辉碇老师，他是北大地球物理系的教授，也是最早研究海洋数值模式的著名专家之一。刚进入预报中心时，我的领导建议我去北大找吴老师学习。于是我毕业一年后又回到北大，学习地球物理系大气科学和数值预报方面的课程。后来吴老师也调入预报中心工作，在他的指导下，我逐渐从理论深入到实践，开始自己构建第一个海洋数值模式，也就是刚才说的风暴潮模式。吴老师无疑是我科研生涯的引路人。

第二位是马蒂·莱帕兰塔（Matti Leppäranta）教授，他是芬兰海洋研究所的专家。1989 年，吴老师邀请马蒂教授来中国进行学术交流，双方决定共同开发海冰数值模式。后来，吴老师推荐我到马蒂教授那里工作，1991 年 5 月我到芬兰海洋研究所工作了一年，在马蒂教授的指导下研究波罗的海海冰数值预报模式。

马蒂教授本科学的也是数学，因此我们在研究中的交流非常顺畅。我们开发的海冰数值模式取得了很好的成果。在我 1992 年 5 月回国之前，这个模式已经在芬兰海洋研究所投入业务化运行。后来，马蒂教授还介绍我认识了一位瑞典的科学家安德斯·奥姆斯泰特（Anders Omstedt），他邀请我到瑞典水文气象研究所短期访问，并将我们的海冰数值模式移植到他们的系统中。他还给这个模式起了一个很有意思的名字——BoBa model（渤海—波罗的海模式），因为这个模式最早是在渤海开发的，后来应用到了波罗的海。这个模式至今仍在使用。

我们的合作研究结束后，马蒂教授问我是否有兴趣攻读博士学位，并表示愿意为我申请资金。1995 年，他申请到了一个欧共体的研究项目，主要研究小尺度到中尺度的海冰动力学和热力学。我作为研究团队的一员，承担了海冰数值模式的研发。

丁之妍： 这个研究对您职业生涯的影响真的很深远吧！

张占海： 你说得很准确。1995 年我再次前往芬兰，在从事研究工作的同时攻读博士学位。最终，我获得了赫尔辛基大学的海洋学博士学位。马蒂教授是指导我职业生涯上升到新阶段的导师。

回顾这段经历，我觉得我的职业生涯有两个关键的起点：第一个起点是吴老师引领我进入海洋科学的殿堂，并指导我如何进行海洋研究；第二个起点是马蒂教授指导我进一步提高研究水平，拓展国际视野。这两位老师对我的成长起到了至关重要的作用。

丁之妍： 从数学到海洋科学，听起来您与海洋科学真的非常有缘分！全球海洋保护正面临哪些关键挑战？从您的研究和政策参与经验来看，哪些领域的突破将最具影响力？

张占海： 海洋保护是全球最受关注的热点议题之一。我们生活在同一个世界，共享同一片海洋。实际上，海洋对人类社会的作用不可或缺，它不仅产生我们赖以生存的氧气，还为我们提供大量的生物食物和水资源。因此，保护海洋具有极其重要的意义。

在海洋保护方面，目前面临的最大挑战主要来自人类活动所带来的污染以及对生态系统的破坏。比如，工业废水排放、塑料垃圾污染等，每年约有800 万～1200 万吨塑料垃圾进入海洋，对环境和生态系统造成极大影响。此外，围海造陆等人类开发活动，对海洋生态系统的破坏是不可恢复的。海洋生态系统一旦受损，就会影响到海洋生物的生存，进而危害整个海洋的健康状况，导致海洋服务功能的衰退。

另一个重要挑战是气候变化。虽然全球变暖是气候变化的周期性自然现象，

但人类活动产生的二氧化碳加速了这一进程。大量二氧化碳排放加剧了温室效应，使全球升温速度异常加快。尽管看似只是 1℃ 的变化，但对海洋生态系统的影响是巨大的，特别是海洋酸化问题。海洋吸收了大量二氧化碳，导致酸化程度上升，从而严重威胁珊瑚礁等海洋生态系统。珊瑚礁一旦白化甚至死亡，将对整个海洋生物链造成连锁反应。

🖊 **丁之妍**：那么，目前在全球范围内是否已经取得了一些突破性的进展？

🎙 **张占海**：在应对海洋污染方面，世界各国正在加大治理力度。比如，陆地污染物排放的管理标准不断提高，各国纷纷采用先进技术来减少污染物排放。此外，国际社会也在共同努力，例如，在污染防治方面，目前联合国正在制定一项具有法律约束力的海洋塑料垃圾治理全球公约，解决海洋塑料垃圾污染问题；在生物多样性保护方面，2023 年 6 月联合国通过了一项具有里程碑意义的《国家管辖范围以外生物多样性养护协定》，也就是我们常说的 BBNJ 协定，对公海的保护制定了新的规则。此外，2020 年在昆明召开的《生物多样性公约》缔约方大会，提出到 2030 年全球海洋保护面积要达到 30% 的目标。这一目标不仅雄心勃勃，而且需要各国共同努力才能实现。

在应对气候变化方面，《联合国气候变化框架公约》也前所未有地将海洋纳入全球气候治理框架。特别是在 2023 年召开的"联合国气候变化大会"（COP28）上，首次将海洋作为应对气候危机的重要解决方案之一，强调海洋在缓解和适应气候变化中的关键作用。

从长远来看，全球正在朝着碳中和的方向迈进，但短期内，如何适应气候变化仍是我们面临的重大挑战。未来，我们需要更多政策支持、科技创新以及国际合作，共同推动海洋保护工作的深入发展。

🖊 **丁之妍**：感谢您的精彩分享。我相信通过全球共同努力，海洋保护一定能取得更大进展。"海洋十年"计划已推进四年，您认为中国在该计划中的参与度如何？未来需要突破的瓶颈是什么？

🎙 **张占海**：联合国"海洋十年"是从 2021 年到 2030 年实施的全球性海洋计划，旨在推动落实联合国 2030 年可持续发展议程的第 14 项目标，即"保护和可持续利用海洋及海洋资源"。各国对"海洋十年"都表现出极大的热情和参与度。我认为这是迄今为止规模最大、持续时间最长、涉及领域最广的一次全球性海洋行动。

"海洋十年"提出的愿景是"构建我们所需要的科学，打造我们希望的未来海洋"，并赋予"推动形成变革性的海洋科学解决方案，促进可持续发展，联结人类和海洋"的使命，让海洋的价值和保护海洋的意识与行动得到全社会的广泛理解，并以能触发行为改变的方式进行传播，从"我们所拥有的海洋"转向"我们所希望的海洋"，实现人海和谐共生。海洋科学在这一进程中扮演着核心角色。然而，值得注意的是，与传统的以自然科学为主的海洋科学不同，"海洋十年"强调的海洋科学需要整合自然科学、社会科学，甚至人文艺术等多个学科。这种跨学科整合是必要的，因为可持续发展涉及多个领域，海洋科学要在这一过程中发挥作用，就必须进行变革。这种变革是一次真正的海洋科学革命。

这一变革的必要性在于全球治理的需求。过去，海洋科学研究的重点是描述和解释自然现象，但现在它必须进一步扩展到引领和支撑全球治理和政策层面。例如，《生物多样性公约》《气候变化框架公约》、BBNJ 协定等要解决的问题，都是基于科学研究与评估提出的，但最终需要通过法律和政策来加以落实。同样，海洋治理如果仅停留在科学层面，而不涉及法律、政策和社会参与，就难以真正实现可持续目标。因此，"海洋十年"强调科学研究必须与可持续发展目标相结合，并推动形成可行的解决方案。可以说，"海洋十年"开启了一种全新的视角，重新定义海洋科学，重新认识海洋的价值，重新审视人类与海洋的关系。

在这一国际背景下，中国从"海洋十年"的策划阶段就积极参与，到目前为止已经在多个方面取得了显著成果。

第一，在科学研究方面，中国科学家已牵头实施 6 个"海洋十年"大科学计划。在全球范围内，目前共有近 60 个计划获得批准，其中 12 个由联合国及其他国际组织牵头，其余的大部分由各国主导。大科学计划是"海洋十年"最重要的行动，目前美国主导的大科学计划数量最多，其次是英国，中国排名第三。这表明中国在"海洋十年"行动中发挥着重要作用。

第二，在领域引领与国际合作协调方面，中国积极承担全球海洋科学研究的协调工作。例如，在海洋与气候研究方面，我们成功推动"海洋十年"在青岛设立了"海洋与气候协作中心"。该中心的主要任务是协调全球海洋与气候科学行动、资源整合和成果整合，推动研究成果转化为应对气候问题的海洋解决方案。

第三，在公众参与和提升海洋素养方面，中国高度重视公众对海洋的认知与参与。例如，我们发起成立"海洋十年进校园"联盟，联合大学、科研机构、中小学及社会组织，将"海洋十年"的理念和活动推广到校园和社区的活动；我们提出"蓝色市民倡议"，号召市民通过自主贡献或群体合作的方式，直接参与"海洋十年"的行动。此外，每年 6 月 8 日世界海洋日期间，中国都会组织系列科普活动，例如"深海发现之旅暨联合国'海洋十年'进校园"大型活动。这些活动不仅提高了公众对海洋的认识，还促进社会各界采取实际行动为海洋的可持续发展做出贡献。

整体来看，中国参与"海洋十年"产生了积极的国际影响，在全球范围内得到了广泛认可。中国在海洋可持续发展领域的贡献也获得了国际社会的高度评价。

🎤 **丁之妍：** 听完您的介绍，我觉得中国在海洋科学研究、国际领导力、公众参与等方面都做得非常出色！

🎙 **张占海：** 是的，你总结得很准确。我们在这些方面已经与国际前沿保持同步，并在某些领域发挥了引领作用。未来，我们希望进一步推动跨学科合作，使海洋科学研究更好地服务于全球海洋治理和可持续发展目标。

🎤 **丁之妍：** 中国在海洋生态保护方面采取了哪些标志性措施？哪些挑战依然存在？下一步的重点将是什么？

🎙 **张占海：** 海洋生态保护是中国生态文明建设非常重要的组成部分。这项工作涉及几个方面。首先，在法律法规方面，中国出台了很多相关的法律法规，比如，修订了《中华人民共和国海洋环境保护法》《中华人民共和国海域使用管理法》《中华人民共和国水污染防治法》等，这些法律在规范各类活动的同时，为海洋保护提供了法律保障。

在管理制度方面，自然资源部和生态环境部针对海洋生态保护出台了很多制度，例如，严格将海洋工程依法纳入排污许可管理，严格实施倾倒许可制度；严格执行海水养殖污染排放标准，强化环评管理和排污口分类整治，严格海水养殖环境监管；强化监管制度体系建设，严格监管执法等。

在保护行动方面，国家还设立了海洋生态保护专项资金，每年都有几十亿甚至上百亿的资金用于支持地方政府生态修复和保护工作。很多资金投入到了例如红树林的保护等方面。红树林是海洋生态系统中非常重要的组成部分，尤其在净化海洋环境、防止海洋灾害、产生海洋碳汇、应对气候变化等方面发挥着关键作用。除此之外，海草床的保护也非常重要，海草床是海洋生态系统中的基础性环境，它为生物多样性提供了支持。所以，国家在海草床修复和生态保护方面也做了很多工作。

🎤 **丁之妍：** 海洋生态保护还需要依靠哪些技术和科研支持？

🔊 **张占海：** 生态保护科技是关键。国家在科研方面也投入了大量资金用于研发海洋生态监测、保护与修复技术和设备。生态环境监测是一项基础性工作，近年来国家加大了生态环境监测力度，建立了许多新的监测站点，同时升级了观测设备，逐步实现了沿海地区的全覆盖。目前，监测不仅包括定点检测，还有随机检测和遥感监测等方式，监测的范围也在不断扩大，监测的频次和覆盖面显著提升。

通过使用新的生态监测技术和治理技术，许多地区的生态环境恶化趋势已经得到遏制。像"厦门经验"就是中国海洋生态保护的一个典范，这个经验已经在全国范围内得到了推广。总的来说，中国在海洋生态保护方面的做法，在全球范围内应该是处于领先地位。这些理念和做法在联合国等国际场合上也得到了认可，国际社会对中国生态文明建设的理论和实践给予了高度评价。

未来的重点工作将继续围绕生态监测、保护、修复等方面展开，进一步完善相关法律和政策制度，推动生态保护与经济发展之间的协调，实现高质量发展。同时，通过不断进行制度创新、科技创新和国际合作，在全球范围内继续推广海洋生态保护的理念和实践，贡献中国智慧和中国方案。

🎤 **丁之妍：** 您可以具体讲解一下刚才提到的"厦门经验"吗？

🔊 **张占海：** 厦门海洋生态文明建设经验体现了高质量发展和高水平保护的深度融合，通过系统化协调治理、陆海统筹污染治理、科技创新智慧治理、法治保障与公众参与、自然恢复与人工修复相结合等方式，走出了一条人与自然和谐共生的可持续发展之路，真正地让民众感受到海洋的福祉。这些经验不仅为中国的海洋生态保护提供了范本，也为全球海洋治理提供了最佳实践。我认为，"厦门经验"对于落实联合国《2030年可持续发展议程》、实现"海洋十年"愿景，都具有重要的国际示范意义。

🎤 **丁之妍：** 厦门是一个沿海的美丽城市。我小时候去过一次，真的特别喜欢那里，尤其是它的大海，非常迷人。张教授，您在深海探索和极地科考方面经验丰富，曾担任中国第2次北极科学考察和第21次南极科学考察的领队兼首席科学家。在您的科考经历中，哪次让您印象最深刻？这段经历对您的研究产生了哪些影响？

🎤 **张占海：** 确实，这两次极地科考对我来说都是极其难忘的经历。2003年，我带领中国第2次北极科考队在北极地区进行了近三个月的科学考察；随后，在2004年至2005年，我又率领中国第21次南极科考队在南极度过了将近五个月的时间。这两次科考不仅在我的职业生涯中留下了深刻印象，也极大地影响了我对科学研究的理解认识，甚至改变了我对人生的认知。

北极科考的重要目的之一是研究北极环境的快速变化及其成因，包括自然因素和人为因素的影响。根据我们的研究，北极气候变化的速度领先于全球气候变化约1～2年，也就是说，如果北极发生了某些变化，往往可以预示全球未来的气候趋势。因此，北极被认为是全球气候变化的前哨站。在那次考察中，我们的主要任务是研究北冰洋的海洋环境如何快速变化，以及这些变化对北极自身气候系统的影响。进而研究北极的快速变化如何影响东亚，尤其是中国的气候。随后几年，我们通过深入研究北极海冰的变化，发现2007年北极海冰面积达到了当时的历史最低水平，而在2008年，中国南方遭遇了罕见的暴雪灾害，这与北极海冰异常减少密切相关。这一研究促成了一篇重要的科学论文，揭示了北极海冰变化与中国极端天气之间的潜在联系。这让我深刻体会到，科学考察不仅仅是探索未知世界，更能直接服务于现实需求。我们的研究成果可以帮助中国更好地预测和应对极端天气，提高防灾减灾能力，这让我感到极大的责任感和使命感。

如果说北极科考让我感受到研究全球气候变化的紧迫性，那么南极科考则让我领略到了极端环境下科学探索的艰辛。南极的研究涉及多个领域，如气候变化、古大陆演化、生物多样性和地球环境历史。其中最关键的一项研究任务，就是南极冰盖的考察。南极冰盖对于全球气候至关重要，它就像一个"地球空调"，对全球气候系统起着决定性作用。如果南极冰盖大规模融化，全球气候格局可能会发生颠覆性变化。因此，我们的目标之一是钻取南极冰芯，研究过去百万年来地球的气候变化，并据此预测未来的气候趋势。为了完成这项任务，我们的科考队需要前往南极冰盖的最高点——冰穹A（Dome A），其海拔超过4000米，气温常年低至–34℃，而且距离中国南极中山站有1250千米。虽然这个距离在普通陆地上并不算太远，但在南极，这意味着一场严峻的考验。

南极的环境极端恶劣，充满了危险。比如，我们需要驾驶雪地车前进，但途中可能遭遇冰裂缝——这些裂缝往往被积雪覆盖，肉眼难以察觉，一旦掉进去，可能就是上千米的深渊，几乎没有生还可能。此外，高原反应、极寒天气、补给困难等问题，也都让这次科考充满挑战。

在内陆考察队距离冰穹A还有大约50千米的时候，一名队员突发严重高原反应，呼吸困难，生命受到威胁。我们立刻启动了紧急预案，向美国麦克默多站（McMurdo Station）请求救援。美国方面迅速派出固定翼飞机，在 4 小时内抵达现场，将这名队员送往美国极点站治疗，最终成功挽救了他的生命。这次经历让我深刻体会到南极国际合作的重要性。在极端环境下，不论国籍，所有科学家都是一个共同体，携手合作才能保障每个人的安全，完成科学探索。

　　这次考察的成果也为中国在 2009 年建立昆仑站奠定了基础。昆仑站是中国在南极的首个内陆考察站，标志着我国南极科考能力的进一步提升。这一成果也是 2007 年"国际极地年"期间的重要科学成就，充分体现了中国对南极科学研究的贡献。

🎤 **丁之妍：** 听您讲述这些经历，我真切地感受到科学家们所面对的挑战与他们坚韧不拔的精神。可以说，中国今天在极地科考方面取得的成就，离不开您和您团队的辛勤努力。

🔊 **张占海：** 我很欣慰能为极地科学研究做出应有的贡献。极地科考不仅需要勇气，更需要科学精神。面对未知，我们必须秉持严谨的态度，同时也要有勇于探索的精神。科学研究不仅仅是满足好奇心，更重要的是为人类社会带来实际价值，比如，预测气候变化、应对极端天气、保护地球环境等。我深深敬佩所有在极端环境下工作的科学家们，他们不仅是探索者，更是推动世界进步的实践者。

🎤 **丁之妍：** 确实，正是有了科学家的探索和努力，我们才能更深入地了解地球环境，做出更科学的决策。感谢张教授的分享！在深海资源开发和环境保护之间，如何找到科学合理的平衡点？哪些国际合作或管理模式值得借鉴？

🔊 **张占海：** 海洋是人类赖以生存的家园，不仅关系到我们的生存与发展，同时也关乎全球的可持续发展。深海蕴藏着丰富的矿产资源，例如，多金属结核、热液硫化物、富钴结壳等，但如何科学合理地开发这些资源，同时兼顾环境保护，是一个全球性的挑战。

　　在国际层面，联合国《海洋法公约》明确规定，国际海底矿产资源属于全人类的共同财富。因此，资源开发不仅要考虑开发者的经济利益，还要确保部分收益全球共享。在当前国际海底勘探阶段，勘探区域的 50% 必须交给国际海底管理局管理，以便未来有其他国家或投资者也能参与开发。这种机制确保了资源的公平分配，也促使各国在开发过程中考虑全球利益。

目前，中国已经获得了 5 块国际海底矿区，是国际上获取矿区最多的国家。其他国家也采取了不同的方式参与海底资源勘探开发，有的是由企业运营，有的是合作开展，甚至还有国家直接主导。为了更好地管理海底资源，联合国专门成立了国际海底管理局，并制定了三大类矿产资源（多金属结核、富钴结壳和热液硫化物）的勘探规章，明确了如何进行资源勘探以及如何规范勘探过程中的环境保护措施。然而，对于矿产资源开发的具体规章仍在磋商之中，并且已经拖延了好几年时间。争议的核心问题在于：如何在开发过程中确保环境保护的落实？

在海底资源开发的过程中，环境影响是不可避免的。但问题的关键在于，我们应该如何控制影响的范围，使其保持在可接受的限度之内。这也是国际社会尚未达成共识的重要原因之一。联合国成立国际海底管理局的目的，是确保资源开发的同时，兼顾环境保护。科学技术的发展使我们能够采取更先进的措施来减少环境影响，使海底采矿成为可能。

目前，一些企业已经开始尝试在经济专属区内进行海底资源开发，并采取了一系列环境监测措施进行全过程监测。在开采前，他们连续多年对海底环境进行监测，并在开采过程中实时监测，以评估开采前后的环境变化。其研究结果表明，在采取严格环保措施的情况下，海底资源开采的环境影响甚至比陆地资源开采要小。例如，在陆地上进行金属矿开采，往往需要破坏森林、影响水资源，甚至可能危及当地生物多样性和居民生活。而在深海，虽然也会影响海底生态系统，但由于深海环境相对封闭，其影响范围更可控，且不会直接影响人类生活区。也就是说从对人类的直接影响来说，海底采矿具有一定优势。因此，如何认识环境影响的可接受度，设定合理的标准，确保开发活动既能满足资源需求，又不会造成大范围的环境破坏，还需要深入研究并达成广泛共识。

🎤**丁之妍**：未来，我们应该如何优化深海资源的开发模式，以实现可持续发展？

🗨**张占海**：我认为，深海资源开发必须遵循"循序渐进"的原则。科学技术的发展日新月异，随着装备技术、环保技术、人工智能的进步，未来的深海开采方式可能更加精准，对环境的影响也会更小。因此，我们应该保持开放的态度，允许合理的开发活动，同时不断改进环保措施。此外，在国际层面，也需要加强协商协作，建立更完善的监管机制。各国应共同制定透明、公正、合理、可持续的开发规则，确保资源的合理分配和环境保护。中国在这方面也在积极探索，例如，在深海石油开发方面，采取严格的环保措施，以减少对生态环境的影响。总的来说，我们要在开发与保护之间找到合理的平衡点，既不能完全禁止开发，也不能不顾及环境影响，进行粗犷式开采。只有在科学合理的框架下进行开发，才能真正实现海洋资源的可持续利用。

丁之妍： 感谢张教授的精彩分享，让我们对深海资源开发的现状和未来发展方向有了更清晰的认识。希望未来科技的进步能帮助我们更好地实现开发与保护的平衡，让海洋资源造福全人类。作为公众，我们可以采取哪些具体行动来减少海洋污染，推动海洋保护？

张占海： 联合国 "海洋十年" 行动提出了一个重要的目标——提升海洋素养，这涉及方方面面。过去，可能主要针对青少年群体，但现在已经扩展到整个社会群体。比如，企业应该承担相应的社会责任，采取措施保护海洋。有些企业会设立海洋保护基金，或者在自身的平台上推进环保行动。对于个人来说，也可以从很多方面入手。比如，当我们去海边旅游时，不要随意丢弃垃圾或污染物，应当做到垃圾分类和随手带走。此外，可以积极参加一些环保社团，如大学里的海洋保护组织，参与海滩清理、海洋垃圾回收等活动。有些社团甚至会开展海龟保护等项目，这些都是非常有意义的实践。

丁之妍： 海洋微塑料污染已经成为全球海洋污染中最严重的问题之一。请问目前有哪些有效的治理技术？您认为未来还需要在哪些方面取得突破？

张占海： 微塑料污染确实是海洋污染中最突出的问题之一，主要是因为许多塑料材料不可降解，在海洋环境中长期存在。我们常常看到一些令人痛心的画面，比如，海龟被塑料袋缠住，甚至误食塑料垃圾，最终导致死亡。要解决海洋微塑料污染，我认为可以从几个方面入手：

第一，从源头减少塑料使用。全球范围内的海洋塑料污染治理，关键在于从源头控制。例如，推广可降解塑料是一种重要的手段。如果塑料制品最终进入海洋环境，它们能够较快降解并减少污染，这是一个很值得发展的方向。第二，寻找可替代材料。减少塑料使用，意味着需要找到合适的替代方案。例如，现在许多国家已经开始推广纸质包装、纸吸管等环保材料。欧洲一些国家已经禁止使用塑料吸管，转而采用可降解纸吸管或其他环保材料，这是一个很好的趋势。第三，控制污染源，减少塑料进入海洋。除了个人减少塑料使用、不随意丢弃垃圾以外，如何从工业和城市排放的角度减少塑料进入海洋也是关键。许多塑料垃圾在陆地上被风吹起，最终进入河流、海洋，因此，陆地上的垃圾管理和回收体系至关重要。要加强对塑料垃圾的回收利用，从根本上减少塑料流入海洋的可能性。

🎤 **丁之妍：** 听起来，与其专注于研究降解塑料的新技术，不如先从源头减少塑料的生产和使用，避免它们最终流入海洋。

🔊 **张占海：** 对，源头控制是最关键的环节。如果我们能够从生产、使用、排放、回收处理等多个环节进行严格管控，那么微塑料污染的问题将大大缓解。这也是当前许多国家和环保组织推行的重要理念。

🎤 **丁之妍：** 是的，那关于海洋塑料垃圾治理，我们个人还能做些什么呢？

🔊 **张占海：** 关于塑料垃圾的治理，个人层面可以做的事情很多。比如，尽量使用可降解塑料袋，减少一次性塑料制品的使用，这都是切实可行的环保措施。

还有一点我觉得非常重要——科普宣传。就像你现在所做的采访，通过向公众传播海洋科学知识、介绍海洋保护的重要性，能够让更多人了解并参与到环保行动中来。实际上，科普宣传本身就是一种保护海洋的具体行动。通过提升公众的环保意识，带动更多人加入海洋保护队伍，这是一种非常有效的方式。

🎤 **丁之妍：** 对的，我也认为，通过公众科普，让大家意识到海洋保护的重要性，比如日常使用可降解塑料袋等，都是非常有意义的。所以，我们每个人都可以在日常生活中贡献自己的一份力量，为海洋保护出一份力。从政策和技术角度，哪些手段可以最有效地减缓气候变化对海洋的影响？

🔊 **张占海：** 目前，减排是最重要的应对手段之一。近年来，各国都在努力减少化石能源的使用，这是国际上控制气候变化和保护环境最主要的政策方向。同时，围绕碳中和目标，各国也在大力推动清洁能源技术的研发和应用。

🎤 **丁之妍：** 在海洋领域，哪些方面对应对气候危机问题比较重要？

🔊 **张占海：** 减少船舶运输的碳排放是海洋领域应对气候危机的一个重要方面。全球约 90% 的国际贸易依赖海运，船舶燃料的燃烧会造成大量污染，包括废气排放和污水排放。因此，国际社会对此高度关注，并在积极探索新的清洁能源，比如，采用新能源动力船舶，以减少污染排放。此外，新型低碳船舶的研发和推广也是目前重要的方向之一。在新能源利用方面，海上风能已经成为全球重点发展的领域。欧洲计划到 2030 年，海上风能将占其能源供应的近 50%。而中国在这一领域的贡献也很突出，目前我们在全球范围内的海上风能装机容量中占据了一半，生产的风能设备规模也是世界领先的。这些新能源技术的应用，不仅能减少碳排放，也对全球气候变化的缓解起到了极其重要的作用。

保护和恢复海洋生态系统以确保其生态功能抵消碳排放也是应对气候危机的重要措施。如增加"蓝碳"。"蓝碳"指的是海洋生态系统（如红树林、海草床、盐沼等）通过吸收和储存二氧化碳形成碳汇，其单位面积固碳能力是陆地森林的 10 倍以上。目前，国家正积极采取措施，保护和恢复蓝碳生态系统，以提高海洋的碳汇能力。在这一领域，中国科学家焦念志院士发起了一项"海洋负排放"大科学计划，目标是大量增加海洋中的"蓝碳"。

这项研究的关键技术是利用海洋微生物碳泵原理，通过人工干预的方式来吸收二氧化碳并将其固定到海洋深层。如果这一技术能够大规模应用，未来将成为缓解气候变化的有效手段之一。

🎤 **丁之妍：** 如果这项技术能够成功应用，那温室气体的影响肯定会减少很多！

🗣 **张占海：** 是的，研究表明，如果能够充分利用海洋微生物的碳汇能力，那么海洋对二氧化碳的吸收效果将大大增强。相比传统的红树林、海草床等碳汇方式，它的固碳量有望提高数百倍，甚至数千倍，其碳汇量将是一个天文数字。这项技术目前仍在研究阶段，但未来有望成为全球碳中和行动的重要突破口。

🎤 **丁之妍：** 听起来前景非常广阔，期待这项技术早日实现实际应用。随着人工智能（如 DeepSeek、ChatGPT）的发展，您认为这些技术如何影响海洋数值预报和极地海洋研究？

🗣 **张占海：** 现在，人工智能和大数据技术已经广泛应用于各个领域，海洋科学也不例外。我认为，未来如果不拥抱人工智能，就意味着会被淘汰。人工智能和大数据的结合已经成为科学发展的必然趋势，特别是在数值预报领域，我们已经看到了成功的应用案例。比如，谷歌研发的人工智能天气预报大模型，通过结合生成式 AI 和深度学习，显著提升了天气预报的准确性、速度和效率。结果表明，该模型的计算时间比传统数据预报模式减少了 90% 以上，而预测精度甚至更高。这一成果直接打开了人工智能在气象领域应用的大门，不仅革新了传统天气预报方式，对其他海洋领域也带来深远影响。

目前，国际上很多国家正在尝试构建 AI 海洋大模型，但在成功度上还未达到气象预报的成熟水平。不过，国内在这方面的研究进展非常迅速，比如，华为已经推出了自己的 AI 海洋大模型。去年 12 月我曾去调研，发现华为的大模型在中国南方海域的应用效果已经非常出色，展现出了高度智能化的特点和巨大的发展潜力。像腾讯等企业也在积极布局 AI 海洋大模型的研发。

我觉得特别值得关注的是 DeepSeek 的发展潜力。目前，ChatGPT 主要基于英文数据训练，而 DeepSeek 结合了英文和中文语料，对中国的研究人员来说是一个巨大的优势。很多海洋研究的数据、模式和研究成果都是中文背景的，因此，如果未来能将 DeepSeek 深度应用到海洋数值预报和极地海洋研究中，它可能会在解决中国本土问题方面展现出更大的优势。这也意味着，我们在这一领域的自主创新和发展空间非常广阔。

🎤 **丁之妍：**确实，人工智能与海洋科学的结合，未来一定会带来许多新的突破和发现。期待这些技术的进一步发展！遥感技术、自动化探测等科技手段如何改变海洋研究？未来最具突破性的技术可能会是什么？

🎙 **张占海：**海洋遥感技术在海洋探测中的应用已有数十年的历史。自从人类发射气象卫星以来，遥感技术逐步发展，分辨率不断提升，传感器的种类也日益丰富。从光学遥感、微波遥感到激光遥感，这些技术在海洋观测、监测以及实际应用方面都发挥了不可替代的作用。目前量子遥感已进入实验阶段，而人工智能与遥感的结合定将开启遥感应用的新空间。

未来，我认为有几个方向值得期待。第一，极地冰雪遥感技术的突破。极地地区的冰雪变化与全球气候变化密切相关，因此，开发更精准的遥感技术用于极地观测，对于研究全球气候变暖的影响至关重要。第二，如何突破大气干扰，提高海洋遥感的精准度。当前，云层、雾霾等大气因素对遥感数据的获取会造成一定干扰。未来，如果能够开发更先进的遥感技术，减少这些干扰，我们就能更精准地监测海洋环境。第三，深海遥感探测技术的突破。目前，我们的海洋探测主要集中在海表和一定深度范围内，而深层海洋的观测仍然面临许多技术挑战。海洋面积广阔，传统的浮标和其他观测设备所能覆盖的范围毕竟有限，而卫星遥感可以大范围、高频率地获取数据，如果未来能将遥感探测的能力拓展到几百米甚至更深的海洋区域，那将是海洋科学研究的一大革命性进步。

目前海洋研究面临的一个重大挑战就是对 200 米以下深海区域的研究。尤其是在深海洋流交换最剧烈、最活跃的区域，我们的研究数据仍然非常有限。如果未来能够突破深海遥感观测技术，实现对更深层海洋的精准监测，那将为整个海洋科学带来巨大的变化。

这种技术的突破不仅能帮助我们收集更丰富的海洋数据，还能提高观测的连续性和覆盖范围。如果再结合人工智能技术进行数据分析，未来对海洋的认知将可能实现质的飞跃。

丁之妍： 确实，现在地球 71% 的表面积都是海洋，但人类对深海的了解仍然非常有限，特别是在一些极端深海区域，被充分研究的比例甚至还不到 10%。如果未来卫星遥感技术能够覆盖深海，我们对海洋的认识将迈向一个全新的高度。

张占海： 你说的对，未来海洋科学的突破很大程度上将依赖于这些前沿技术的发展。

丁之妍： 对于青少年而言，最值得培养的海洋科学相关能力是什么？如何在高中阶段打下基础？

张占海： 你说的是一个很重要的问题。我认为青少年的海洋科学能力培养可以从几个方面入手。第一，加强海洋知识的积累。各国都在制定针对中小学的海洋知识教育课程，提升学生的海洋素养。除了课堂上的学习，青少年可以通过阅读、科普讲座等方式增加对海洋科学的了解。第二，加强实践活动，增加与海洋的直接接触。比如，参加海洋科学竞赛、科研项目，甚至走进实验室，与科学家一起进行研究。国外很多大学都有类似的合作项目，学生可以参与海洋采样、观测、数据分析等实验。亲身体验比单纯的理论学习更能激发兴趣，也更能帮助他们理解科学研究的方法。第三，培养全球视野，参与海洋治理。除了学习科学知识，青少年还应该关注全球海洋治理的问题，比如，气候变化、生物多样性保护等国际议题。现在很多国际组织会邀请青少年代表参加会议，甚至让他们参与讨论。我认为，培养青少年对这些全球性问题的关注，能激发他们思考如何通过科技和政策手段解决海洋环境问题。未来的海洋科学家，不仅要有科研能力，还要有全球视野和参与全球治理的能力，为全人类贡献自己的智慧。青少年可以关注国际组织发布的海洋保护政策、气候变化会议等，甚至主动提出自己的想法，参加相关的青少年论坛。第四，培养科技创新能力。现在，很多学校和科研机构都组织各类设计比赛，鼓励学生设计用于海洋观测的自动化、智能化设备，如水下机器人。如果青少年能从早期就开始接触这类研究，比如，学习如何设计海洋观测装置、开发智能监测系统，将来在海洋科技领域就会更有优势。

🎙️**丁之妍：** 我之前在学校主要是向同学们普及海洋知识，但实践活动比较少。听完您的讲解，我觉得可以组织一些实际操作的项目，如机器人设计、环境监测等，让同学们亲身参与到研究和创新中。

🎤**张占海：** 这很棒！你们可以先从小型项目开始，如水下机器人设计、海洋垃圾监测实验等。如果有机会，你们的社团也可以参加一些全国性或国际性的海洋科学竞赛，甚至去现场学习大型海洋科研项目的运作方式。

🎙️**丁之妍：** 那太好了！我们之后可以组织社团成员去参观海洋科研机构，或者参加相关比赛，这样就能把理论知识和实际应用结合起来。

🎤**张占海：** 是的，这不仅能提高你们的科学素养，还能培养解决实际问题的能力。海洋科学的未来属于你们年轻一代，一定会涌现出一批海洋新星，为海洋科学做出创新性的贡献！

🎙️**丁之妍：** 在全球合作中，最大的阻碍是什么？如何克服这些障碍，实现更高效的国际协同？

🎤**张占海：** 国际合作是全球化发展的趋势，也是人类未来发展的关键。全球化不可逆，大家只有在这种分工合作的框架下才能够共同发展。如果每个国家都想独自解决所有问题，从现实角度来看是不可能的。所以，做好分工合作非常重要。这在海洋领域尤其明显，因为海洋的范围广、流动性强，很多问题并不是某一个国家能够单独解决的。比如，海洋污染问题，各国必须合作，共享经验和技术，才能一起实现共同的目标。

🎙️**丁之妍：** 那目前海洋领域的国际合作如何？是否面临一些挑战？

🎤**张占海：** 从现在的情况来看，国际合作在海洋领域越来越深入，特别是随着科学技术的发展，这些技术促进我们更好地利用海洋资源，进行更有益的工作。技术的进步也为国际合作提供了很多机会。

然而，地缘政治因素是一个比较大的阻碍。如中美之间的紧张局势影响了我们与美国在海洋领域的合作。曾经我们和美国海洋大气局的合作非常密切，不仅在深海研究上取得了很多成果，还进行了很多合作项目。然而，随着地缘政治的变化，这些合作受到了严重影响。

随着地缘政治形势的变化，尤其是美国对中国的制裁，海洋领域的合作也受到了制约。例如，以前我们邀请美国科学家参与国际合作计划，包括邀请他们来中国参加会议，而现在这些交流变得困难重重。同时，一些海洋设备和仪器也受到了禁运，技术方面的封锁使合作面临严峻挑战。

丁之妍： 这确实是一个很大的挑战。那您认为如何克服这些障碍，推动更高效的国际协同？

张占海： 我认为摒弃零和博弈的思维方式，建立可持续发展的全球视野，才是解决问题的关键。我们应该认识到，海洋是我们共同的家园，全球各国需要携手合作，研究和保护海洋，为可持续发展做出集体贡献。为了实现这一目标，不仅仅是科学家之间的合作，政府、非政府组织甚至区域间的合作也应该更加深入。通过多方合作，我们才能真正让海洋为全人类服务，推动全球和谐发展。

丁之妍： 确实，正如您之前提到的，中美两国在南极科考中的合作也体现了双方的合作潜力。

张占海： 是的，南极科考是一个很好的例子，展示了国际合作的重要性。尽管面临一些困难，但科学研究是全球性的问题，只要有共识，合作依然能够顺利进行。我们期待各国能够放下分歧，共同为海洋保护和可持续发展贡献力量。

丁之妍： 有没有一个研究领域是您一直想探索研究，但还没有机会去研究的？

张占海： 其实在海洋领域，我最想做的一项工作就是人工智能技术在海洋中的应用。目前，海洋探索面临几个挑战：首先，海洋非常广阔；其次，海洋研究的监测方法投入较大，花费也很高；还有一些领域存在较大的危险性。如果能在未来借助人工智能、遥感技术等工具来发展海洋领域的研究，那将非常重要。

实际上，我去年就在想，能不能设计一个基于 DeepSeek 研究海洋的 AI 工具平台，专门面向大众。比如，学生如果有兴趣开展海洋研究或者组织某些海洋活动，可以通过这个平台，设计出自己的研究方案或者行动路线图。

基于这种思路，我在想如果能设计一个这样的平台，帮助科学家和有兴趣的青少年更高效地进行海洋科学研究，提升海洋素养，那将是非常有意义的。

🎙 **丁之妍：** 这个想法真的很棒，听起来非常有意义！随着像 DeepSeek 这样技术的发展，未来一定能在海洋领域实现更多突破。

📢 **张占海：** 是的，关键在于如何在这个领域构建有吸引力的应用场景。实际上，海洋智能预报等技术的应用是非常重要的，但如何利用这些技术建立应用场景，从而提高公众对海洋的认知，并帮助他们更好地研究海洋，这更有普世价值。我相信随着技术的不断发展，我们会看到一些更大的突破，尤其是在海洋领域中，人工智能的应用会带来革命性的变化。

🎙 **丁之妍：** 非常感谢您今天腾出时间解答我的问题，今天的交流让我学到了很多东西，无论是关于国际政策合作，还是青少年如何更好地了解海洋知识，都让我受益匪浅。

📢 **张占海：** 我也很高兴能和你进行这次对话。这不仅仅是一次采访，更是一次交流。海洋科学的未来在于像你这样的年轻人，"海洋十年"的任务之一就是培养新一代的海洋科学家。教育持续十年，实际上培养的是一代人。我希望在未来十年里，能够涌现更多的青年海洋科学家，承担起未来海洋的各项任务。我们希望可以让这些青年科学家实现他们的科研梦想，同时也让海洋科学更好地服务于人类，帮助我们保护海洋，这对于人类和自然的未来都至关重要。

🎙 **丁之妍：** 您的话让我感到非常激动，我也希望能为海洋学贡献一份力量。今天听了您的讲解之后，我发现海洋学真的非常有趣，我也想从事相关的科研工作，我一定会继续关注海洋学，尤其是海洋生物学方面，未来希望能做出一些有意义的研究，为海洋学贡献自己的力量。

📢 **张占海：** 期待你加入到海洋科学研究的队伍中来，实现你的理想，为世界做出更多有益的事。

方家松

上海海洋大学海洋科学与生态环境学院特聘教授、博士生导师，现任上海深渊科学工程技术研究中心主任。国家重点研发计划——深海关键技术与装备深渊生物资源专项"深渊生物学资源勘探、获取和开发的前沿技术体系研究"项目首席科学家。国际海洋十年大科学计划 DOME（Deep Ocean Microbiomes and Ecosystems）首席科学家。曾获美国航天航空局（NASA）、美国工程教育学会以及大学空间研究协会授予的"杰出研究奖"。担任 *Deep-Sea Research I* 主编。主要研究方向为深海和深部生物圈高压微生物学和生态学。提出了深海碳循环"碳菌链"（PDPMC）碳循环理论模型。方家松教授国际科研经历丰富，20 世纪 90 年代初多次参与深海载人深潜航次，致力于推动我国深海科学的发展。

漆黑的深海，是地球上最神秘的"终极密室"。在万米深渊中，压力是海面的 1000 倍，温度接近冰点，阳光永远无法抵达。但深海并非一片死寂——发光的生物像星星般闪烁，贝壳堆叠成"海底森林"，微生物用化学合成创造生命的奇迹……这些奇幻的画面，正是方家松教授用大半生探索的"深海乐园"。

方家松教授毕业于美国路易斯安那州立大学（Louisiana State University），获地球化学专业硕士学位，后获德州农工大学（Texas A&M University）海洋学博士学位，再后来到迈阿密大学进行了微生物学博士后研究。现任上海深渊科学技术工程研究中心主任，科技部 / 教育部极端海洋环境生命过程和生物资源创新引智基地主任，是国际海洋十年大科学计划 DOME（Deep Ocean Microbiomes and Ecosystems）首席科学家（2024—2030 年）。方教授作为上海海洋大学二级教授，博士生导师，曾获美国航天航空局（NASA）、美国工程教育学会以及大学空间研究协会授予的"杰出研究奖"（Research Excellence Award），更于 2009 年入选教育部"长江学者奖励计划"特聘教授，2016 年入选中组部第十二批海外高层次创新人才项目，国家重点研发计划——深海关键技术与装备深渊生物资源专项"深渊生物学资源勘探、获取和开发的前沿技术体系研究"项目首席科学家。全职回国后的 7 年共主持国家自然科学基金重点项目和国家重点研发计划等各类项目 8 项，总经费 1.43 亿元，主要研究方向为深海和深部生物圈高压微生物学和生态学，提出了深海碳循环"碳菌链"（PDPMC）理论模型，发表论文 170 余篇，是国际深海科学 SCI 主流期刊 *Deep-Sea Research I* 主编 (Editor-in-Chief)，*Frontiers in Marine Sciences* 和 *Frontiers in Microbiology* 副主编。

　　深渊科学研究的是什么？方教授是怎么成为一名海洋科学家的？在几次的深海探索中方教授有怎样有趣或惊险的经历？深海资源开发是否会对生态系统造成破坏？如何在开发与保护之间取得平衡？带着这些疑问让我们一起听听方教授是怎么说的。

有斯之声记者：夏行健

　　我叫夏行健，目前在美国北卡上中学。是一名已有 8 年多公益服务经历的公益践行者，也是一名有斯公益小记者。2023 年暑假，我把对 11 位青少年榜样人物的访谈结集成书：《追光之旅，有斯同行——夏行健访谈合集》，并带领全国各地近 30 个小伙伴开展全国义卖，所得利润 2 万多元全部捐出。我于 2024 年 4 月 16—18 日，2024 年 5 月 23—25 日，先后在联合国"科技改变贫穷"专题青年会议的边会上，第十七届克莱蒙生态文明国际论坛有斯青年分论坛上，担任小记者，并顺利完成现场采访。

有斯之声记者：施宛辰

　　施宛辰，出生于 2014 年 5 月，就读于浙江省杭州市学军小学。在学校热心帮助老师和同学，是一名优秀的学生干部。喜欢画画和弹钢琴，梦想是将来成为一名兽医。从小对海洋充满好奇，对环境保护充满热情，希望能通过行动在学校乃至周围的世界中产生积极的影响。

访谈 5

从冷泉到星辰：
方家松三十年的深潜与归来

🎙 **夏行健：** 方教授，您好！请您用普通大众最容易听懂的大白话介绍一下，深渊科学是研究什么的呢？这些研究将对人类生活带来怎样的影响？有没有一个生动的例子可以帮助我们更好地理解？此外，您作为一名深渊科学家，每天在实验室里的日常是怎样的？会有指定的任务和必须完成的任务清单吗？

🗒 **方家松：** 我们先说一下深渊的定义。我们知道的海洋最深处是 11 000 米，那么深渊呢，是指从 6000 米到 11 000 米的深海区域。深渊的面积很小，占海底面积的 2%，这个面积大致相当于澳大利亚的国土面积。深渊面积虽然小，但它的深度很深。比如说，我们知道在海洋中静水压力是随着深度的增加而增加的，深度每增加 10 米，压力增加一个大气压。在 10 000 米的深度，压力就是 1000 个大气压。我们再回到深渊科学是做什么的这个问题。我们知道，海洋科学有几个分支，即地质海洋学、物理海洋学、化学海洋学和生物海洋学，对应的深渊科学也有几个分支，深渊地质学、深渊物理学、深渊化学和深渊生物学。我现在在上海海洋大学工作，我的实验室叫海洋微生物学和生物地球化学实验室。我目前有硕士研究生、博士研究生和博士后。我的主要工作就是带领这些研究生和博士后，把握他们的研究方向，同时也为他们提供很好的研究平台。每天没有具体的必须完成的任务，我们每周有一次组会，研究生和博士后汇报上一周的工作进展和后续的研究计划，我对他们的工作进行点评。

🎙 **夏行健：** 谢谢方教授的回答，成为海洋科学家是您小时候就有的梦想吗？是否有一次特别的经历让您萌生了我要研究大海的想法？

比如，一本书，一部电影或是一次特别的旅行，是什么促使您走上这条不太寻常的道路呢？

方家松： 这个问题问得很好。我回想自己曾经走过的路，整个成长过程，没有发生过什么特别的事件，是我自己在学习和追求过程中自然而然走到今天的。我本科时的专业背景是地质学，硕士阶段在美国学了地球化学，博士阶段又学了海洋学，博士后阶段又进入微生物学领域的研究，这是一个逐渐的转变过程。我为什么要学海洋学呢？我在最初学地质学的时候，老师讲到了板块构造学说。其中讲到很多很精彩的地方，比如：板块构造学说是从海洋研究的探索中找到了很多科学证据，逐步验证当初的假说使之成为一种科学理论。如果你们读过关于板块构造学说的书籍或文章，你们会发现，洋中脊是海底绵延六七千千米长的线性山脉，这里是洋壳生长的地方。科学家们发现，在洋中脊两侧有平行的、两侧对称的这个地磁带，地壳的年龄也呈对称分布，从洋中脊往两边，年龄越来越老、沉积物厚度越来越厚……这些证据都能支撑板块构造学说。为什么说板块构造学说或海洋学是从海洋中建立起来的呢？大家公认的海洋科学创建于1872年，始于英国1872年到1876年的全球科考，这个学科目前仅有150年左右的历史，相比地质学、化学这些学科，海洋科学年轻了很多。20世纪开始，美国带领全世界做了很多深海钻探工作，进行海底钻探取样和分析，先后进行了很多大的科学钻探计划，如DSDP、ODP和IODP等。海洋科学慢慢从最初比较原始的科考，逐渐发展到20世纪大规模的海底钻探取样分析，逐步建立起这门学科。回到你们的问题，我最终选择研究海洋，是在从起初的地质学到地球化学再到海洋学、微生物学这个学习和研究过程中，通过不断追求和探索慢慢形成的。我能在海洋科学研究领域做出一些成绩，很大程度上得益于跨学科的专业背景。后面我还会说到一点。

施宛辰： 成为海洋科学家并不是一条常见的职业道路，您是在什么时候坚定了这个选择，这个决定是否遇到困难？您是如何克服的？

方家松： 我1987年去美国求学，2017年离开美国回中国工作，回国前我在美国生活了30年。当年去美国我首先选择了路易斯安那州立大学，在那里进行海洋生物地球化学方面的学习，就是用化学的方法来研究海洋特别是海洋生物。在20世纪80年代末、90年代初，在美国与计算机、IT有关的行业非常火，不管是计算机硬件还是软件这些方面的工作，薪资都很高，很容易找工作。当时和我一起去美国的很多同学都改行学计算机，但我始终坚持我的梦想，坚定地完成了我的学习任务；后来又去了德州农工大学进行海洋学的学习，从此真正开启了我的海洋研究之旅。

🎤 **夏行健**：好的，谢谢方教授的回答。研究深海意味着面对很多未知和挑战。在探索的过程中，您最期待、最担心、最好奇的事情分别是什么？在黑暗的深渊里行进时，有没有经历过让您深感敬畏或惊喜的瞬间？

🗣 **方家松**：我给你们讲个故事。我是 1989 年从路易斯安那州立大学硕士研究生毕业后到德州农工大学去攻读海洋学博士学位的。在美国学习海洋学拿海洋学学位，要求必须有出海经历。我曾经有三次深潜的经历，1990 年是第一次。我要讲的故事就发生在 1990 年。那年我不但有一次出海机会，在出海的过程中还有一次难得的深潜机会。深潜就是乘坐载人潜水器潜到海底去。深潜的地点是墨西哥湾，我当时要研究墨西哥湾冷泉。你们知道冷泉是什么吗？冷泉是从海底冒出来的一些气体，比如，甲烷、硫化氢等。海底生物要生存，它们必须要有食物。在冷泉区，也就是深度为 800 米、1000 米甚至 1000 多米的深海，食物非常少，这里的贝壳类、蠕虫、蛇还有虾等，这些生物是靠什么在深海生存呢？为了找寻答案，我乘坐美国的一个名叫 Johnson Sea Link 的深潜器潜入冷泉区。当时我还在攻读博士期间，作为一个博士研究生，能有机会乘坐载人潜水器进行深潜，这种机会非常难得。当时的感觉就像从来没坐过飞机的人第一次坐飞机，既激动又好奇。因为海底比较冷，温度只有 2 ~ 3℃，下潜前我的导师让我穿上厚的夹克保暖。因为下潜后要工作 6 ~ 8 个小时，于是我还带了一个三明治。潜水器中没有厕所，还要解决好这个问题才能下去。在潜水器下沉的过程中为了保存能量，所有的灯全部关闭，深海一片漆黑，但你可以看到海里那些发光的生物点缀在深海水体中，就像晚上夜空中的星星。到达海底后，灯打开了，我看见深潜器前面有一个用来取样的机械手，还有一个类似篮子或框架的平台，用来放置样品。那是我第一次去深海取样和观测，我观察到了一个非常有趣的现象：我看到管虫和大量的贝壳类生物（如贻贝），贻贝是一堆一堆地堆在那里。我当时就想，这么深的地方，这些生物怎么生存啊？生物量那么大，这是不是谁把一些浅海的东西倒到这里了？实际上并不是这样的。那么这些大生物是怎样生存的呢？是因为有与它们共生的细菌，细菌可以利用甲烷生长，这些大生物就以这些细菌作为食物。还有就是冷泉中的硫化氢是还原性物质，细菌可以利用硫化氢作为能量来源进行二氧化碳固定，形成有机物，也就是碳固定，这就是我们常说的化学合成。地球表面有光合作用，深海没有光，细菌利用硫化氢等还原性物质作为能量来源固定二氧化碳，形成有机物，为大生物提供食物来源。

夏行健：感谢方教授的科普，让我们了解到了不少之前闻所未闻的、关于深潜方面的知识。这也变相回答了我们接下来的一个问题，就是您的科研团队也是有自己的一些下潜用的载具的，我比较想要再去了解一下，您认为如果科技往后发展的话，这些潜水艇之类的载具，还会发展出什么新的功能，会提供哪些对海洋科考人更大的便利呢？

方家松：进行海洋科学研究，需要有科考船。世界上许多国家包括中国都有自己的科考船，甚至国内很多海洋大学都有自己的科考船。我工作的上海海洋大学就有自己的科考船，名叫"淞航"号，这是一艘 3200 多吨的科考母船。进行海洋科学研究，除了有科考船，还要有潜水器，英文叫 Submersibles。潜水器分为载人潜水器和无人潜水器。国际上拥有全海深万米载人潜水器的国家只有两个，一个是中国，另外一个是美国，中国的叫"奋斗者"号，美国的叫 Limiting Factor，这两台载人潜水器能够到世界上最深的海洋进行采样和观测。马里亚纳海沟（Mariana Trench）的挑战者深渊，最深的地方水深 11 000 米，是世界海洋中最深的地方。研究海洋，除了要有诸如载人潜水器、无人潜水器、着陆器以及其他一些仪器设备和工具外，现在还要在海底建原位实验室。这个原位实验室就像太空的实验室。位于广州的中国科学院南海海洋研究所已经成功研制出 2000 米级的原位实验室，最深可以到达 2000 米的深海，这是国际首创，这个原位实验室装置主要是为了研究南海的冷泉生态系统。

施宛辰：那么在深海探索中，也同时在实验室中，科学家通常是如何协调不同的探测技术，例如潜水艇、无人探测器、声纳成像等技术，它们是如何结合使用的？有没有某项技术的突破让深海科考变得更高效？

方家松： 很好的问题。我们要研究海洋，就需要到海上去取样和观测，我们必须有能力到达我们要研究的地方，这需要有科考母船。仅有科考母船还不够，我们要在 3000 米、8000 米、10 000 米或其他深度去取样，包括取水和沉积物样品，或者大生物如鱼、虾等，都需要有一定的工具，这其中就包括我刚才说的载人潜水器，人可以坐在里面开到某个地方，用机械手进行取样。还有无人潜水器，里面是没有人的，但是通过在科考母船上的人进行操作。还有着陆器，它的形状类似圆锥形的三脚架，如果我们要取水，只需将取水装置搭载到着陆器上，在不同深度我们把取水装置打开，取水后着陆器上来，就把水样带上来了。通常出海的航次非常昂贵，平均每天需要 20 万～25 万元人民币，一个月需要 800 万～900 万人民币。为了节约经费，科考母船出海时船上一般都是 24 小时作业，科学家轮流换班，每个组工作 6 小时或 8 个小时。样品取上来之后，科学家需要对样品进行保存带回陆地实验室或者在船上现场做相关的实验。如果你们今后有机会去海上参加航次采样，这会是一个非常难忘的经历。航次中船上所有的科学家、船长和船员都要互相配合、互相帮助。这个船就像一个实验室，或者说就像一个地球村，大家互相帮助，运用装置和工具进行取样、观察和实验。晚上科考船有可能在一个固定的区域来回行驶，你可以听到"叮叮叮叮"的声音，这是科考船正在进行海底地形的测量，船上的人都在不间断地工作。科考船的船底装有声纳装置，可以用来测绘海底地形及水深。

施宛辰： 谢谢方教授。您自己有没有用过最新一代的载人潜水艇？在这些最新一代的潜水艇里有哪些海洋探测的设备，这些设备的主要功能是什么？它们能帮您完成什么任务呢？

方家松： 国内最新的潜水器"奋斗者"号，可以到达 11 000 米的海洋最深处。在这之前的潜水器叫"蛟龙"号，可以达到的最大深度是 7500 米。我虽然没有上过国内的这些潜水器，但是知道潜水器上有一些很重要的技术装置，比如，用来测量海底地形的高精度声纳系统、照相设备、环境监测设备，还有测定海水特征的装置 CTD 探针，这三个字母中的 C 是导电性 conductivity，T 就是温度 temperature，D 是深度 depth；上面提到的这些都是最基本的装置。载人潜水器上还有用来取样的机械手、导航系统和定位系统等。载人潜水器到了深海，我们需要知道所处的具体位置，尤其是我们取到了样品后，后续我们要用这个样品做分析，就需要知道这个样品取自什么地方，这个信息非常重要。通讯系统也是必须的，载人潜水器要时刻与科考母船进行交流、对话，要告诉母船下面的情况、取到了什么样品、需要再去什么地方等。

🎤 **夏行健：** 方教授，您乘坐潜水载具去进行深海探测行动的时候，经历过的最大深度是多少？在这个深度有没有见过那种让您比较震撼，很惊喜又受到冲击的那种生物或者地貌呢？请您用最生动的语言描述一下。

🔊 **方家松：** 首先要说的是，无论是浅海还是深海，我们取得的样品都非常珍贵，尤其是从很深的地方取得的样品，比如马里亚纳海沟，就更加珍贵了。20世纪90年代，我曾三次乘载人潜水器下潜到墨西哥湾大陆坡取样，那里的深度大约是1000米，虽然深度不大，但发生的一件事让我至今记忆犹新：有一次我们在冷泉区抓到一条鱼，把它放在潜水器前面的网袋里带到海洋表面。在海洋表面当我们把那鱼拿出来时，你们猜猜发生了什么事？我们发现那条鱼的肚子突然就爆了。原因是海洋深处和海洋表面的压力不一样。1000米深度的压力是100个大气压，海洋表面的压力是1个大气压，压力差导致了鱼肚子的爆裂。我经常说，深海、浅海和海洋表层压力是不一样的，温度也有差异，这个差异会导致很多事情发生。对海洋生物而言，温度压力的不同会导致它们生理代谢的改变。

🎤 **夏行健：** 感谢方教授的分享。在深渊探测时，您有没有遇到过意外？在历史上深渊研究取得重大突破时，您觉得主要依靠哪些关键的技术或者设备？

🔊 **方家松：** 目前世界上仅有两台载人潜水器可以达到海洋最深点11 000米的地方。在2019年之前，还没有这两台载人潜水器的时候，世界上只有三个人到过这个挑战者深渊。2019年之前人们常说，我们送到太空的宇航员有200多人，但到达海洋最深处的却只有3人。2019年之后，因为有这两台下潜深度最深的载人潜水器，现在到过海洋最深处的人增加了很多。到目前为止，深渊科考还没有发生过大的事故。2023年6月18日，美国的商业深海旅游发生过一个比较大的事故：载人潜水器Titan（OceanGate公司拥有）载着5人下潜到沉没在大西洋的泰坦尼克号，在下潜过程中潜水器发生内爆，英文叫implosion，潜水器中包括该公司CEO在内的5位乘客全部遇难。（编者按：现在有不同的说法：这个潜水器腔体是由carbon fiber和titanium建造的，这两种材料的耐压没有问题，但问题是：这两种材料在高压下的变形速率不一样，由此可能导致裂隙产生，从而腔体内爆。）

🎤 **施宛辰**：那方教授您在深海里见过最奇怪的生物是什么？它们和普通鱼类在外观和生存方式上有哪些明显的不同？有没有哪种深海生物给您的研究带来了新的启发？

🔊 **方家松**：我是研究微生物的，我的研究对象就是我们常说的细菌，它们在肉眼下观察不到。但是我以前乘载人潜水器取样时曾经看到过鱼、虾这些大生物。据我所知，深海的鱼和浅海的鱼有很多不一样的地方。首先，深海鱼的鳞就是我们说的 scales 比浅海鱼的鳞要小很多。较小的鳞片更能够抵抗深海的高压。还有一个很重要的特点就是深海的鱼体型修长而且表面光滑。由于深海食物较少，更修长和光滑的身体有助于它们快速运动，从而更有利于它们觅食。此外，有些深海鱼类带有发光系统，是为了吸引它的食物，比如，那些很小的生物被它吸引来，它就可以把它们吃掉。大生物都有这么多明显的区别，微生物就有更多更明显的区别了。这里我就不多讲了，比如，一些微生物为了适应深海的高压、低温条件，会生物合成一些特殊的化学物质和代谢产物。

🎤 **施宛辰**：那他们这一系列的像超能力一样的能力，是不是可以用于医学研究？

🔊 **方家松**：对。接着刚才的话题来说吧，深海压力非常大，静水压力在 10 000 米的区域可以达到 1000 个大气压，那么这里的生物是如何适应这种我们常说的极端环境的呢？要适应这个环境，它们首先要有一些不同的代谢产物，其中有一个叫做 TMAO，是英文 Trimethylamine N-oxide 的缩写，我们把它叫做 protectant，就是说它可以保护微生物中的蛋白和其它大分子。那些大的生物也有这种化合物。另外这些微生物都有细胞膜，细胞膜是由什么组成的呢？就是我们所说的磷脂，Phospholipids，磷脂里面都有脂肪酸。脂肪酸中的不饱和脂肪酸，有一些双键脂肪酸，能够帮助这些微生物抗高压。因为在高压低温条件下，那些膜会慢慢固化，为了使这些固化的膜能够成为熔融（liquid）状态，这些微生物会合成更高含量的不饱和脂肪酸。我这里做个比喻，大家吃鱼油都喜欢哪里的鱼油呢？是不是觉得阿拉斯加的深海鱼油好，为什么？因为鱼在很深的、高压的、低温的地方，会生成更多的不饱和脂肪酸，比如说有四个双键的、有五个双键的脂肪酸，实际上道理是一样的。

🎤 **施宛辰**：那您有没有把那些像宝藏一样的东西或者是生物之类的带回来，

比如做成标本之类的？对他们的研究是否有助于揭示地球早期历史的生物进化？

🔲 方家松： 很好的问题。我们的深渊研究有很多关于生命、关于地球演化方面的科学问题，深渊微生物可能承载着地球演化的密码。过去大家都说生命起源于热液口，现在有很多人认为生命起源于深渊里面的蛇纹石化区域。为什么这样说？我们知道要有生命，必须要满足几个条件：首先，所有的生命必须要有能量来源；第二，生命必须有碳源，因为生命都是以碳为基础的，包括人类、动物、植物和微生物等；第三，要有水；第四，必须要有空间。人需要有空间，所有的其他生物都一样。为什么大家都认为深渊蛇纹石化区是生命起源的地方呢？因为所谓的蛇纹石化是在海底以下的地方，海水渗透到地壳中去和地幔岩进行反应，形成一些化合物，比如氢气。这些氢气可以做能量的来源。那里还有反应形成的甲烷、乙烷，无机的碳，比如说二氧化碳，这些是碳源。这样我们有了能源能量来源，有了碳源，水也有了，还需要有空间。在蛇纹石化区，岩石比重降低，孔隙度增加，空间也有了，这样这四个条件就都具备了。我们研究深渊可以发现新的微生物、新的基因、新的蛋白和新的酶，这些发现还为我们提供了一些生命起源和演化的线索。

🎤 施宛辰： 这些知识确实挺神奇的，可以激起我很多兴趣，谢谢方教授！

🎤 夏行健： 迄今为止，人类对海洋的探索仍然非常有限。在探索的过程中，科学家们是否会感到孤独或迷茫，长时间没有突破，没有新发现的时候，您如何调整自己的心态，带领团队继续前行？

🔲 方家松： 我给你们讲讲我出海的经历。2016年我们有个航次是去南太平洋的新不列颠海沟，在巴布亚新几内亚。航次历时近一个月。在船上，就像前面我说过的，大家就是一个团队，互相帮助，互相照应。大家轮班作业，在取样、观测、实验各个方面都互相协作。在船上的时间确实很长，我们每天看到的只有海，只有天，看不到人，看不到树，与我们在陆地上看到的东西完全不一样。在海上如果可以去看日出日落就是最好的享受了。船上也有活动的地方，比如说有乒乓球桌。我上过国内的船、日本的船，还有美国的科考船，这些船上都有乒乓球桌，大家可以打乒乓球。这些船都比较大，都有3000吨、4000吨、5000吨或者有更大的。船上都配备了卫星通讯设备，可以看电视，可以放电影、录像带等，有时候吃饭大家还一起包饺子。在海上航行时，从一个取样点到另外一个取样点有30千米、50千米或者100千米，船在行走的过程中没有太多事，我们就在船上开展学术活动，比如学术报告等各种形式的学术交流。在船上，总的来说，这些生活、工作都安排得很满，大家都很开心。

夏行健： 感谢方教授的回答。可以感受到您这一整个科考队的气氛是极其融洽，非常配合的一个状态，非常好的一个团队。请问，深渊研究是普通人难以接触的一个领域，他带给您对世界的认知有哪些独特的影响？深渊研究的发现对人类的未来发展有哪些重要意义呢？

方家松： 深渊或深海我们都认为是一种极端的环境，比如说在深海、深渊环境中，压力很高，温度很低，完全是黑暗的。一些生物，尤其是微生物，它们要在这种极端环境条件下生存，必须要有相应的适应机制。也就是说，这些生物必须要有相应的基因、蛋白和酶等，我们一般把这种微生物叫作 extremophiles（极端微生物），也就是极端微生物。这些微生物及其遗传物质构成的整体被称为微生物组，我们把微生物组叫做深海的暗物质。你们知道宇宙里有暗物质，那么海洋里面深海的暗物质是什么？就是我们所说的微生物组。这个微生物组就是微生物加上它们的遗传物质，它们的基因。所以，这些生活在这种极端环境的微生物，它们有特殊的基因、蛋白、特殊的酶，还有特殊的次级代谢产物，这些都是宝贵的资源。在环境、工业和人类健康方面都有很重要的作用，最终都会催生新质生产力。我们已对浅海和近海的资源进行了充分利用，现在大家都在慢慢走向远海和深海，到深海去挖掘新的生物资源还有矿产资源等其他资源。研究深海深渊微生物，对挖掘更多的生物资源，研究生命的起源和生命的极限，对研究全球气候变化、生态系统的演变及其与全球气候变化的互作关系，对开发深海深渊的探测技术以及材料科学、工程科学、环境保护等这些方面都有非常好的促进作用。

施宛辰： 听您说了这么多关于深海探索技术的知识，那么人类目前的深海探索深度是否有限，未来的科技突破是否有可能让我们探索更深层的海沟呢？

方家松： 目前地球上已知的深渊海沟有 33 条，最深的海沟就是在马里亚那海沟的挑战者深渊，那里的深度达到了 11 000 米。根据板块构造学说和目前对海洋和地球的认知，大部分深渊海沟应该都已经发现，但未来也许会有新的海沟发现，不排除这种可能。

🎤 **施宛辰**：嗯，那么在极端环境下，这些微生物研究是否有助于寻找地外的生命？深海的生存环境和木卫二或木卫六的海洋有什么相似之处吗？

📖 **方家松**：很好的问题。美国 NASA，就是美国航空航天局，曾经有一个项目叫 Astrobiology program，这就是研究域外是否有生命及生命的起源、演化、分布等，尤其是火星。据研究，木星有一颗卫星叫 Europa，它上面有深海，这个深海有 80 000 米深，它跟我们地球上的深海不一样，地球上的深海是水，但 Europa 深海里是甲烷。我们研究深海深渊的微生物生命过程、生命适应机制，对研究地球以外星球的生命是有帮助的。

🎤 **施宛辰**：方教授，深海资源开发，如深海矿产海底热液喷口是否会对生态系统造成破坏？又如何在开发与保护之间取得平衡呢？

📖 **方家松**：这是一个很好的问题，也是一个非常重要的问题。现在大家慢慢开始要在深海进行采矿了，比如说一些贵金属，还有一些其他的矿产资源，这些深海采矿活动对深海的生态系统是有破坏的。首先，海底采矿必定会对这个生态系统的 physical environment 有破坏，同时，产生的这些沉积物的羽流也会影响生态系统，比如说影响它们的呼吸。有些生物是过滤摄食的，英文叫做 filter feeding，比如虾，它把水里的颗粒物吸收进去，吃其中的有机物再把颗粒物吐出来，如果有了沉积物羽流，就会影响这些生物的生存。有些金属是有害的，这些金属就是我们所说的污染物。那么如何平衡资源开发与生态保护呢？首先，我们需要这些矿产资源，这是人类生存所必须的，同时我们又要保护环境、保护生态。目前国际上有一个叫 International Seabed Authority 的组织，简称 ISA，这个组织是一个管理海床海底的组织。他们主张建立 MPA，英文叫做 Marine Protected Areas，也就是海洋保护区，在这些保护区域不能进行采矿开发，以此来实现采矿和生态系统保护的平衡。

🎤 **施宛辰**：谢谢，希望未来可以有更先进的方法，把破坏和伤害降到最低。另外，深海科考需要国际合作，在您的研究经历中是否有过特别难忘的国际合作项目，这些合作带来了哪些新的科学发现？

📖 **方家松**：我讲一个例子，在上海海洋大学有一个深渊科学工程技术研究中心，这个中心是 2013 年成立的，也是当时国际上唯一的一个深渊研究中心。

现在还有另外一个深渊科学研究中心在丹麦。2013 年我们的深渊科学技术研究中心成立之时，国际上做深渊科学研究的科学家不多，在英国和美国有几个特别有名的做深渊科学技术研究的科学家，我们得到了他们的大力帮助和支持，我们建立了很好的合作关系。在他们的帮助下，我们成功开发了自己的深渊科学研究技术，如我前面提到的着陆器。当时没有能够到达深渊的载人潜水器，要到深渊取样，最简单、最便宜、最稳定的方法就是用着陆器，把采样器，无论是采水的采水器还是抓大生物的采样器，搭载在着陆器上面放到深渊中去进行取样。这是国际合作带来新的科学成果的一个很好的例子。

🎤 **施宛辰：**"联合国海洋十年"这个计划旨在促进全球海洋科学的发展，中国在这一国际合作中扮演了怎样的角色？相比其他国家，中国在深海研究方面的独特优势是什么？还有未来中国在深海科学领域的国际影响力是否会更进一步？

📋 **方家松：**国际海洋十年，大家知道是 2020 年第 75 届联合国大会审批通过后，于 2021 年 1 月正式启动，由 UNESCO/IOC 负责组织实施的，英文叫 Ocean Decade，是近年来联合国发起的最重要的全球性海洋科学倡议。其目标旨在厘定海洋和社会可持续发展所需的科学知识，形成对海洋的全面认知和了解，为全球海洋治理提供解决方案，最终形成"我们所希望的海洋"、实现海洋的可持续发展。讲到国际海洋十年，有 4 个不同的层级，最高的层级就是大科学计划，国内现在一共有 7 个大科学计划，其中包括上海海洋大学的 DOME，就是 Deep Ocean Microbiomes and Ecosystems。DOME 大科学计划是 2025 年年初被国际海洋十年批准的，目标是研究深海的微生物组和生态系统，以及它们与全球气候变化的互作关系。

关于深海深渊研究，首先，必须有技术，要有科学技术研究的人员，还有一个很重要的是你要有装备，有经费，不是所有国家都可以做，只有一些具备条件的国家，比如欧美国家和中国有条件做。中国在最近的十年、二十年，在深海科学研究方面已经取得了长足的进步，比如说有"蛟龙"号、"奋斗者"号这两个载人潜水器，还有其他相应的一些技术装备，基本上具备了能够到世界任何海洋中去取样观测的条件，这是很重要的。另外，国内有很多海洋大学，从北到南有中国海洋大学、江苏海洋大学、上海海洋大学，还有广东海洋大学，以及很多其他大学里面的海洋学院等，并且还有很多研究海洋的科研院所，能够培养足够的科学技术研究人员。从科学到技术，也实现了长足发展，不仅在载人潜水器，在无人潜水器以及其他的水下技术装置方面，比如 AUV 和 ROV 等，都取得了质的突破。此外，实验室里面也有很多相应的技术装置，比如说要研究深海深渊微生物，必须有能够模拟深海深渊温度和压力条件的装置，这些装置的设计和研发在国内也取得了很大进步。总之，中国过去二十年在海洋科学技术方面取得的进步是有目共睹的。

夏行健： 感谢方教授的讲解。看来目前我们中国在深海研究这方面还是取得了一定的成就的。我还想问一下，我看到您将您的实验基地选择在上海的临港，我出生的时候在上海待过一段时间，我比较好奇您选择临港这个地方是为什么呢？

方家松： 我是 2017 年 1 月 1 日全职从美国回国工作的。当时回来的时候，确实有很多选择。那么长话短说，我回来之初，首先是入选长江学者并获得了国家的高层次人才计划，到了上海海洋大学工作。因为我回来的那个时候，上海海洋大学于 2013 年成立了一个深渊科学工程技术研究中心，我认为那是一个非常好的平台，当时我就毫不犹豫选择了上海海洋大学，来到深渊科学工程技术研究中心做我的研究。上海海洋大学原来是在上海市军工路那边，2008 年搬到临港，我目前也已经落户到了这里。

夏行健： 感谢方教授的解答，未来深海科学家与人工智能的协作模式会是什么样的呢？ AI 是否可能在深海探索中发挥出更大的作用呢？

方家松： 现在 AI 非常火，国内有 DeepSeek，还有豆包等，国际上也有 ChatGPT 等。以后 AI 对我们的各行各业，还有人类每天的生活，都会有很多渗透。在海洋科学研究方面，AI 也会有很多应用，比如，可以用 AI 来驱动无人潜水器及其他取样装置。我们海洋科学家非常喜欢用数字模型，AI 可以结合到数字模型中去，使这个模型更具有可预测性。还有其他方面的运用，比如，利用 AI 预测蛋白质的结构，还可以帮助新药研发等。我们要尽可能地利用 AI 来服务于我们的科学研究和技术发展。

夏行健： 那您认为未来人类社会对生态探索的需求会如何发展？哪些未知未解之谜最值得期待，您觉得在您的想象中，或者说按照您目前已有的这些探索和发现，您认为人类会找到哪些比较特殊或完全无法想象的东西？

🎙 **方家松**：海洋占地球表面 71% 的比例，这就是为什么大家说地球应该改个名字叫海洋。研究深海还有非常多的应用，比如，我们讲到的资源，这个资源包括矿产资源、能源资源，还有生物资源。其中生物资源在各个方面可以为我们解决很多问题，比如，生物资源本身这些新的基因和新的蛋白就是非常重要的，发现新的蛋白、新的酶、新的活性物质，开发新的生物技术，研发新药，同时也能进一步认识深海生物的多样性等。深海是已知地球上最大的生物栖息地，深海有数百万未知的生物有待我们去发现，关于生命起源、生命演化，也会通过研究海洋中的生物物质给我们带来启示。目前已知人类活动影响了气候变化，与之相关的一个很重要的研究就是生态系统与气候变化是怎样的互作关系。比如，深海如何影响碳释放和碳储存，这些目前都是未知的。目前有一个观点：在地球历史上已经有过五次生物大灭绝，现在人类进入了第六次生物大灭绝时期，所以我们要保护海洋，利用海洋，研究海洋如何能够帮助我们治理全球气候变化。研究深海还有很多很多能够服务于我们社会、服务于人类的方面。

🎙 **施宛辰**：这些知识都很有趣，那请问方教授对于像我一样的青少年，如果我们日后想成为像您一样的科学家，现在怎么做，可以参加哪些活动？或者应该培养哪些能力？

🎙 **方家松**：很好。我觉得不管是在哪一个行业，选择哪一个科学，我们首先要有目标、有热情、有理念、有情怀、要专一，能够持之以恒。你们可能知道有一个叫 Louis Pasteur 的微生物学家曾经说过：Chances favor only the prepared mind. 意思就是说机遇只偏爱那些有准备的人，也就是说我们不管是选择海洋还是其他的科学，我们要有目标、有激情、有情怀、有理念，最终我们就一定会成功。如果我们要选择研究海洋，我们就要带着情怀驶向这片浩瀚的海洋，潜入到未知的深海，最终你们的征程一定会延展人类梦想的边界，发现未知的奥秘。

🎙 **施宛辰**：谢谢方教授的教导！

🎙 **夏行健**：谢谢方教授，最后一个问题，如果请您用一句话鼓励未来的海洋探索者，您会说什么？

🎙 **方家松**：就是我刚才说的那一句话：驶向浩瀚的海洋，潜入未知的深海，你们的征程将延展人类梦想的边界。祝你们好运！

🎙 **夏行健**：再次感谢方教授能够接受我们本次访谈。非常感谢！

🎤 **施宛辰：** 非常感谢方教授，我未来一定会努力成为像您这样优秀的研究海洋的科学家。谢谢您。

📖 **方家松：** 非常高兴和你们交谈。

🎤 **夏行健：** 确实感谢方教授，本次访谈了解到了很多平常生活中或者是在新闻上很难了解到的一些知识，毕竟是您在亲身经历过后直接表达出来，感觉很不一样。更有冲击感，新鲜感。非常感谢！

📖 **方家松：** 好，非常高兴。那就这样。

于卫东

　　二级教授/博导，现任中山大学大气科学学院副院长、海洋科学考察中心主任，主要开展热带海洋－大气相互作用研究，在热带印度洋年际变化、季风－海洋相互作用等方面若干成果。担任中国海洋湖沼学会水文气象分会副理事长、海洋物理与气候观测委员会（OOPC）联合主席，曾任热带太平洋观测系统 2020 计划（TPOS 2020）科学委员会委员/联合主席、气候变率及可预测性－全球海洋观测系统联合印度洋委员会（CLIVAR-GOOS IOP）委员/联合主席、全球海洋观测大会（2019）发起人委员会联合主席，推动了印度洋海洋观测系统（IndOOS）、第二次国际印度洋科学考察（IIOE-2）和太平洋海洋观测系统（TPOS）规划与发展。承担自然科学基金委重点基金、国家重点研发专项和国际合作重点项目等，2013 年入选国家首批科技部"中青年科技创新领军人才"、中组部"万人计划"。

　　在海边长大的我，在海边度过了无数个美好的日子。我见证过美国西海岸南加州旖旎的大海，我漫步于西海岸美丽温暖的白沙滩，在大海里冲浪、被大海里的咸水呛过喉咙；而现在，我又有机会不断认识美国东海岸波澜壮阔的大海，我经常在周末漫步于波士顿的海滩，捡拾各种漂亮的贝壳……

　　大海对于我来说是个既熟悉、又令人敬畏的、神秘的老朋友。

　　联合国宣布 2021—2030 年是"海洋科学促进可持续发展国际十年"。无数的海洋科学家和生物科学家告诉我们"生命起源于大海"，海洋科学家们在海洋气候领域的引领行动中取得了伟大的成果。

　　来自中国的海洋科学家、中山大学于卫东教授就是他们中的一位。于卫东教授一直以来致力于开展海洋—大气相互作用的观测与研究，推动建立印度洋海洋观测系统，积极推动热带太平洋海洋观测系统（TPOS 2020）和全球海洋观测系统发展。于卫东多次就联合国"海洋十年"的进展和成果总结、强化国际多边合作，推进海洋协同治理以及提升海洋人才培养和公民素养等方面做过生动的报告。

　　我这个在海边长大、现在又生活在大海边的孩子，带着对大海的好奇、渴望和对未知的探索精神，幸运地采访了著名的海洋科学家于卫东教授。现在，我迫不及待地把我的采访分享给读者朋友们……

有斯之声记者：Tiffany Qianxun Zhao

　　我叫 Tiffany Qianxun Zhao。我童年的一半时间是在美国美丽的南加州大海边度过的。从高中开始，我定居在美国东海岸的海滨城市波士顿。

　　我是个热爱音乐的理工科女生，我喜欢作曲、唱歌、数学、机器人和编程。我喜欢用音符和旋律记录生活的方方面面，我为"春雪"写过钢琴曲，为"大海"写过交响乐，也为自己和朋友写过中学生自己的歌……

　　对了，我还会练武术，我来自北京，我一直记得我血液里流淌着我们东方的传统文化……

航向未至之境：
于卫东的"海洋十年"与青年共行

🎤 **Tiffany：** 于教授好，我是 Tiffany，我在美国东海岸紧邻大海的城市——波士顿读高中，很荣幸有这个机会采访到您这样的海洋科学家。我想知道：您早期在海洋大学和第一海洋研究所的学习和工作经历中，有没有某个具体的事件或者某位导师、学者对您的研究方向产生了非常关键的影响？您有哪些故事可以分享给我们？

📖 **于卫东：** 非常高兴今天有机会和你连线，和小朋友们做一些交流，对我来讲是非常高兴的，也很高兴看到你各方面都非常优秀，而且中文讲得这么流利，非常棒。

你提的这个问题勾起我很多回忆，对我来讲读研究生是非常偶然的。当时我在青岛海洋大学读书，我记得我们当时读书的条件非常差，宿舍天花板上有一些修修补补的补丁，还贴着报纸，可能 Tiffany 很难想象。我躺在床上偶尔看报纸，记得有次看《青岛日报》，报道了中美海洋合作与交流方面的进展，特别是改革开放之后，美国海洋界的代表团第一次到中国来访问，通过这次访问，他们与中国在很多领域进行了广泛的接触，也邀请了几位非常优秀的科学家到美国去深造。

我的导师当时就是在某种机缘下去了美国读博士，他是在北卡罗来纳州读的博士，在约翰霍普斯金做的博士后，我偶然看到新闻报道，深受触动。他能够在改革开放之后第一批走出国门，到美国去进一步留学深造，还搭建起中美之间海洋交流的桥梁。这件事对我启发很大，我非常感兴趣，所以在我毕业之后，我就到导师指导下攻读研究生，并考入了国家海洋局第一海洋研究所，这就是我进入海洋科学的非常重要的一步。我觉得人生的很多东西都是非常偶然的，所以我觉得对年轻人来讲，未来发展的机会是非常非常灿烂的，说不定在某一个节点上，你能够找到你喜欢的东西，然后进入一个属于你的世界。

🎤 **Tiffany：** 好的。在您看来，目前我们全球海洋保护面临的严峻挑战有哪些？针对这些挑战，我们目前都有哪些问题已经取得了一些突破性的进展，还有哪些问题是有待我们去解决的？

🗣 **于卫东：** 首先要强调的是全球海洋是非常大的，我们现在可以轻松地坐飞机从美国东海岸飞到西海岸，甚至可以飞到欧洲，但是不管怎么样，我们要知道我们人类是居住在占地球 1/3 的陆地上，陆地已经很大了，但是海洋面积是陆地面积的两倍，整个地球上 2/3 是海洋。所以以我们现在的能力来讲，我们对于全球海洋的认识是非常不足的。例如，Tiffany，你们也经常去世界各地旅游，去做野外的探索等，你们应该可以想象得出来，如果海洋有两倍的陆地大，我们需要付出多大的努力去继续认识海洋。

我们观察到海洋当中已经发生了一些问题，这些问题需要我们去解决，例如，海洋的污染，我们享受着高度发达的物质社会，方方面面都非常好，但是不要忘记我们日常当中穿的衣服、用的物品等非常多的是来自于海洋，而且我们产生的日常垃圾，又以直接或间接的形式回到海洋。因此我们人类社会在地理大发现之后，有了社会快速的发展，以前所未有的方式影响了海洋。

我们人类对于海洋污染等一系列问题负有难以推卸的责任。另外一方面，全球海洋资源正在消退，例如，渔业资源，我们大家都非常喜欢吃鱼，因为渔业是我们人类优质蛋白的来源，是我们生活当中必不可少的，我们每天鱼的捕捞量是非常大的，但是如何能够实现全球海洋渔业资源的可持续捕捞？这是一个非常严重的问题。不可能在我们这一代把所有的渔业资源都捕捞完，还要想着我们的后代，所以要如何实现全球海洋资源的可持续利用，这也是非常大的挑战。

我们很多人都喜欢旅游，其中就有潜水、游艇等旅游项目，那么近海和远洋的这种旅游业实际上是旅游度假或者是精神需求的一个重要方面。如果我们破坏了很多海洋生态资源，如珊瑚礁都消失，人类将没有办法再去潜水，再去看到美丽的海底世界。所以从方方面面来讲，全球海洋保护面临的几个问题，第一个我们还没有真正认识全球海洋，这就是 2030 "海洋十年" 所提出的，要建立全球海洋的观测系统，获取全球海洋的认知。

第二个对于全球海洋各种快速的变化，例如，环境污染、海洋生态资源的退化、海洋渔业资源的衰竭等，还没有找到立竿见影的解决方案。因为人类不可能停止发展，至少目前来讲我们还做不到，所以这就是联合国在推动的可持续发展目标。我觉得这个目标的实现有赖于世界各国的大众、科学家、各行各业的积极参与和合作，共同解决这个问题，因为海洋的问题远远超出每一个人、每一个国家所力所能及的范围。

所以海洋与其他学科相比，更是急切地需要全球合作，大家需要携起手来，寻找解决方案。

🎤 **Tiffany：** 谢谢您。刚才您提到了合作。那具体对于海洋科学的研究来说，您觉得需不需要一些跨学科的合作和研究呢？在跨学科的研究中，有没有一些研究方式，是您在刚开始从事研究时没有使用，但是在后来研究的过程中使用了，结果发现效果是非常好的？

🎙 **于卫东：** 这是一个很好的问题。实际上科学发展到今天，我们学科划分越来越细。我举一个例子，大家都知道达尔文是博物学家，我们并没有把达尔文称作例如生物学家，或者是某一个专门的门类的学家，因为在那个年代的科学家所提供的这种训练是非常广泛的。因此他们所具有的知识范围和科学视野也是非常广泛的，所以他们能够解决人类所面临的非常宏大的科学问题，对达尔文来讲，达尔文第一次环球科考时的年纪比 Tiffany 要稍微大一点，他所受到的科学训练是跨学科的，因此对我们来讲，跨学科是我们解决今天社会所面临问题的一个根本性的钥匙。

我再举一个我个人的例子，因为我们这一代训练已经比达尔文更加专业化了，我们在专业跨度上已经没有达尔文那一代科学家来的那么广泛，我们被训练成不同的 discipline，也就是说不同的学科方向，我们在自己的学科方向上可能训练得多一点，而对于相关其他的学科方向训练得就比较少，但是我们的世界并不是以学科来划分的，世界是非常综合的。我自己的最大感受是我在工作的时候，因为我需要做热带海洋相关的研究，就要和东南亚国家和印度洋周边的国家有非常多的合作。

2008 年我第一次去泰国访问，因为当时季风经常带来这种干旱或者洪涝的自然灾害，整个东南亚地区受到严重的季风气候影响。第一次访问泰国之后，我参加了泰国的全国海洋学会的年会，我听到了很多报告是关于珊瑚礁的，因为泰国的珊瑚礁是非常漂亮的，我们去泰国进行水上旅游，特别是潜水，如斯米兰群岛都非常漂亮，泰国科学家非常关心他们珊瑚礁的健康，因为自从1997—1998年的厄尔尼诺事件发生之后，泰国也观察到了很多珊瑚礁的白化，珊瑚礁的白化就是原来五彩斑斓的珊瑚礁突然颜色都消失了，而且变成白色之后，渔业资源也消失了，原来生机勃勃的海洋变得死气沉沉，所以这对他们来讲这是一个非常严重的问题。

我看到了他们的这种关切，因为我对珊瑚礁还是了解得非常少，我也跟他们进行了很多讨论，学习什么是珊瑚礁的白化？可能的原因是什么？我看到了一个非常重要的信息，就是每年的珊瑚礁都在5月份发生严重的白化，我当时提出一个非常直观的问题，珊瑚礁为什么不是一年12个月都会发生白化？而每年就会在5月份发生白化？经过了一系列的讨论和分析，我们发现珊瑚礁白化的5月份是季风爆发之前，整个海洋温度是最高的，珊瑚礁白化最主要的诱因就是海温升得太高，如果海水的温度超过30℃，而且持续超过两个星期的时间，那么珊瑚礁马上就会白化，因为它不能生活在很热的水里。

这种海洋温度的升高对于珊瑚礁白化是一个很强大的压力。在这种压力下，珊瑚礁上那些生命系统就会纷纷离开，导致整个珊瑚礁死亡。所以我突然发现生物科学所研究的珊瑚礁白化和我们物理科学所研究的季风爆发存在着密切的联系。如果季风在某种原因驱使下，这一年爆发推迟了，雨季开始得很晚，那么这一年就可能出现大范围的较为严重的珊瑚礁白化现象。在这之后十几年，我和泰国科学家形成一个非常重要的合作纽带，就是共同研究气候的异常，如何导致海洋生态系统的响应，它既是一个海洋生态科学的问题，同时也是海洋物理和气候异常方面的一个科学问题，它变成了一个交叉学科。

后来，我们又邀请了很多做渔业资源的人，因为珊瑚礁一旦白化了，珊瑚礁的渔业资源就会遭到损伤。我们又邀请了一些做海洋经济的，如海洋管理的人。对我来说这是一个印象深刻的例子，多个学科的人能够合作在一起来共同解决一个复杂的问题。因为后来我们也发现海洋里的任何一个问题，都不是单一学科能够解决的，而是一个复杂的多学科交叉问题，而且涉及自然科学和人文科学领域，要将研究上升到社会管理和公众政策的角度。

🎙Tiffany：谢谢于教授。您知道，我们作为学生要去了解很多不同方面的知识的话，可能并没有充分的

知识储备，身边可能也没有像您这样的专家。现在我们要去了解这些专业知识的话，可能就需要用到人工智能 AI 技术。我相信您肯定知道，人工智能在最近是非常热门的，各种生成式的 AI 几乎是走进了人们的日常生活中。您觉得在海洋的研究项目当中，无论是最前沿的观测研究中，还是专业学习层面，新出现的人工智能技术会起到什么样的作用呢？

于卫东： 好的，我相信这会是改变海洋科学未来发展方向的一个新技术或者是新手段。目前来讲我们已经看到了它的前期应用，就是全球海洋的数字孪生，我们希望把全球海洋所收集到的资料，通过一些计算机的方式处理，能够在社会里生成一个孪生的海洋，也就是说你可以在电脑上进入一个虚拟的世界，所有的基本的信息是来自于我们观测的真实的世界，在这个世界里可以虚拟潜水。

我举一个例子，Google map 大家都会用到，例如，我们去一个餐馆可以在 Google map 上找到它，而且可以利用街景，一眼就看到在餐馆附近的建筑物是什么样的形状。实际上虚拟潜水，就类似于 Google map 上的街景，你点到海洋上，会发现例如这里标注了一个珊瑚礁潜水海域，而且就像开车的自动驾驶一样，你潜入海洋可以看到在海里的珊瑚礁。因为水下摄影已经把这些图像重新建模，建在一个数字海洋里，你也可以按照路径规划，虚拟地在珊瑚礁的潜水点潜水，你可以看到不同的珊瑚种类、渔业种类。

有很多冲浪的爱好者能够在 Google map 上查到有哪些冲浪点是最好的。所以将来海洋也是这个状态，你会进入一个数字化的海洋，如果是海上度假的话，你首先在 Google map 上一点当地的珊瑚礁，会直接看到马尔代夫的一个个珊瑚礁潜点。

这些潜点都可以做虚拟的下潜。我想 AI 把海洋科学的很多东西直接和日常生活结合在一起了。这种数字化的手段让海洋科学更加贴近公众，这只是一个早期的场景。

我相信随着人工智能手段的发展，会和海洋科学有更加密切的结合，而且会应用到很多海洋科学的具体研究当中。例如，我们现在在做 DNA 的分析，因为海洋的生物是非常多的，这些都需要人工智能的帮助，你可能没有直观的概念，我打一个也许不是太准确的比喻，就是目前我们对于海洋当中真正的生物物种的认知，大概只认知了真实世界的 10% ~ 20%，还有 80% 的生物物种是完全没有认知的。

例如，抓一只虾做 DNA 测序，那么 DNA 测序的数据量是非常大的，它的 DNA 可能是多少个 GB 的量。那么将来做 DNA 的分析，研究它们的生命演化，研究不同物种之间的联系，以及物种从出现一直到今天，如何适应地球生命的演化，这都是需要人工智能等一些新技术的辅助。

我觉得这是一个有无限可能的领域，而且对于青年人来讲，你们特别有优势，因为你们对于 AI 有天然的敏感性，它是属于青年的一个科学发展方向，希望将来在你们的发展当中，能与 AI 共同创造，借助它提升自身能力，从而拥有更大的力量来改变、影响这个世界。

🎤 **Tiffany：** 是的，我也相信：AI 在未来一定会起到改变世界的作用。我还有一个问题想问一下于教授：我知道在国际合作方面，您曾经担任过 OOPC 联合主席，并且也是 TPOS2020 计划的一位核心成员。那么请问，这些国际平台对于热带印度洋、太平洋观测系统的建设方面，有哪些推动作用呢？

📖 **于卫东：** 这个问题稍微有点专业，我希望能够讲得更易懂一些。我参与了一些国际合作计划，都是在联合国框架下。实际上我们今天推动全球海洋合作的一个最重要的机构，就是联合国教育科学文化组织，也就是 UNESCO。UNESCO 的宗旨是通过合作来促进全世界和平。我觉得对于今天动荡的世界来讲，UNESCO 的精神是非常重要的，因为 UNESCO 是在二战之后，为了推动全世界的合作与永久性和平而建立的一个组织。UNESCO 在海洋相关领域有重要影响力，海洋科学从本质上来讲是一个需要全球合作的科学，由不同的科学组织推动海洋合作的不同方面。

用一句话来讲，我们首先要认识海洋，我们如何来认识海洋呢？就是要能够对全球海洋具有观测能力。我刚才说的全球海洋数字孪生，依赖于从海洋获取源源不断的数据流，我们能够在计算机系统里面构建出全球海洋的一个数字孪生体。OOPC 本质上来讲是推动全球海洋在物理科学方面和气候变化方面建立观测系统的，它推动和协调了一系列的跨越全球的观测系统。

它回答的一个主要问题是，各个国家如何更好地合作起来，建立一个什么样的全球海洋观测系统，最大程度上实现全球海洋观测的资料共享，实现全球海洋观测的社会服务价值？也就是说我们观测到的这些资料怎么用到社会管理当中？

我举一个例子，现在公众对厄尔尼诺都比较清楚，一旦有了厄尔尼诺，我们全世界很多地方都会发生各种各样的灾害，例如，秘鲁沿岸的渔业资源大量减少，南美洲沿岸的洪涝灾害。对于这些系统的预报和预警，都依赖于在热带太平洋上建立的观测系统，这个观测系统在 20 世纪 80 年代，从 1985 年开始到 1994 年花了十年的时间建立，这就是我们今天为什么能做好厄尔尼诺预报的根本性保证。

所以这些国际的科学计划就是让世界各国的科学家参与其中。美国投入了大量的资源，包括现场基础设施的建设、每年科考船投入，其他国家包括日本、中国、印度尼西亚、澳大利亚一系列的国家都投入了大量的资源来建设热带太平洋的观测系统。

这些观测系统实际上是在默默保障着我们社会公众的安全，例如，对美国来讲影响非常大的飓风系统、干旱、洪涝，特别是加州的大火等，最终的影响根源都来自于海洋。因此我们这些科学计划就是希望大家都能够把资源协调起来，最大限度上来实现全球海洋的观测，让我们更好地观测到海洋上发生的任何异常变化，保障社会能够有效应对。

🎙 **Tiffany：** 明白了，于教授，那么您作为"海洋十年海洋与气候协作中心"科学主任，您认为这个计划对于中国南海研究的长期影响都会有哪些呢？

🎙 **于卫东：** 海洋十年海洋与气候协作中心是"海洋十年"全球 8 个主题协作中心之一，它设立在青岛，我也非常高兴有机会和这些科学中心的同事们一起工作，这计划也是与代表着中国各个单位、各个研究机构、各个大学一起合作起来，共同参与联合国海洋十年。世界上很多科学家一起围绕海洋与气候主题所开展的一系列科学合作的机制性的安排。对于中国来讲，中国非常关心的一些研究就是中国近海以及邻近的大洋，在中国近海里面，南海是非常重要的一个海域，也是我们在西太平洋最大的边缘海。

我们知道中国是受台风严重影响的国家，台风主要来自于西太平洋，美国主要是受到来自于北大西洋的飓风影响。如果你生活在美国东海岸的迈阿密或者是墨西哥湾、加勒比海地区，飓风是非常重要的一个灾害。对于南海来讲，从 5 月份开始一直到 11 月份，都是非常漫长的台风季节。

每年在中国登陆的台风大概有 20 几个，其中有很多台风强度非常高，就类似于在墨西哥湾或者美国东海岸登陆的一些超强飓风。如何来减少这种台风的灾害？以及像南海季风所带来的一些洪涝灾害、干旱灾害？这就需要我们在海洋上开展非常多的观测预报来认识。一个台风如何在海洋上发展起来的？实际上到今天为止，我们并没有很清晰地认识到它如何吸收更多的能量、不断地壮大自己？它如何能够按照一定的轨迹向我们岸边运动？我们如何来预报它？

直到今天我们对台风强度的预报仍然有非常大的偏差，我们对它的路径预测也有很大的偏差。因此对于南海的观测和研究，在防灾减灾方面有非常多的应用前景，而且南海也有非常多的生物资源和渔业资源。同时南海周边的人口密度非常大，人类活动影响所产生的一些海洋污染，特别是现在的这种新型污染，像微塑料等都对南海产生非常多压力。我们希望在"海洋十年"下能够找到一些可行的解决方案，为未来我们实现可持续发展目标提供科学方面的支持。

🎤 **Tiffany：** 谢谢于教授。我也了解到您在 2021 年投入使用的"中山大学号科学科考船"中的一项重要职能是"研究和培训"。在这期间，有没有一些让您印象非常深刻的学生，能让我们感受到"海上课堂"是怎么点燃学生们对于科研的热情的？

🗨 **于卫东：** 中山大学在 2021 年新建造的科考船叫"中山大学"号科考船，这条船是中国最大的最先进的一条科考船，同时在世界上也是最大的科考船之一。它的排水量达到了 6880 吨，是一个为大家提供了新机会的非常重要的平台。什么样的新机会？就是我之前有一些报告里边提到海洋科学的发展历史大概只有 150 年，早期是从"挑战者"号环球科考开始的，也就是说对于海洋科学来讲，非常重要的就是要到全球不同的海域来开展探索，因此科考船的平台是非常重要的。

"中山大学"号投入使用之后，我们有非常大的能力提升，帮助同学们到达原来不能去的地方。例如，我们原来的科考船吨位比较小，只能在珠江口的近海，或者是南海的大陆架近海开展调查研究。不能到例如南海的南部、南沙群岛、西沙群岛和南海周边海域以及太平洋、印度洋等更远的海域开展科考。我觉得中山大学以及非常多的大学在培养学生时，要注重培养他们的全球视野，培养他们影响世界或者是改变世界的能力。那么我们如何来训练我们下一代的领导者，使他能够在海洋科学或者是在人与自然的和谐发展当中发挥关键的领导力、影响力？

非常重要的一点就是让他们走向全球的海洋，走向五湖四海，让他们真正认识一个与陆地生活完全不一样的世界，让他们知道这个星球是由陆地和海洋组成的。因此在"中山大学"号下水之后，我们组织了一系列的学生科考航次、实习航次，我们邀请了中国很多涉海的大学，例如，北京大学、上海交通大学、南京大学、复旦大学等优秀的高校，我们跟他们合作起来，为他们提供海上实习的机会。

我们组织了三次跨高校的联合科考，来自不同高校的同学们，大部分是第一次见到海洋，对他们来讲是非常兴奋的一次海上科考之旅。虽然只有短暂的几天时间，他们有非常多的收获，给我印象最深的是同学们在亲手操作或者是观测海洋过程中表现出的动手能力，以及由此带来的兴奋感。例如，我印象非常深刻的是来自北京大学的同学们牵头来做的海洋微生物考察报告，同学们利用显微镜，利用现代化的显微技术和摄像技术，拍摄了丰富多彩的海洋浮游动物照片。

我觉得对于普通人来讲，没有看到海洋的美，是一个非常大的遗憾。但是同学们利用显微镜技术，把海洋当中的浮游动物进行了放大，实际上是给我们拍摄了一系列的非常令人赞叹的照片。我们肉眼是难以看到这些生命的，它们生命的灿烂之美超乎我们想象。所以我觉得航次对同学们最大的感染力就是来自以这种美学的视角来认识海洋。你所研究的东西、你所喜欢的东西一定是要美的。如果不是美的世界，我们很难感染大家、吸引大家，让大家投入其中。

所以我觉得同学们拍摄的例如桡足类，是海洋中初级生产力的重要组成部分，它们通过吃这种浮游植物来支撑海洋初级生产力，保证海洋里面有渔业资源，有非常庞大的鲸鱼，所以他是海洋里的无名英雄，同学们在感受的过程当中，我受到了很大的感染。例如，同学们会思考如何来认识美？什么叫美学？什么叫色彩？我想 Tiffany 可能也热爱绘画，但是在绘画当中把握色彩需要调色板，我觉得我们真正在海洋里看来自自然的调色板，要远比我们在商店里买来的颜料更加丰富、更加生动。

有些色彩是我们在调色板里难以调出的，我在航次当中跟同学们交流，他们认知到自己被海洋之美所感染，让他们有兴趣来研究海洋五彩斑斓的生命，从非常微小的生物例如海洋当中的细菌，这些细菌都已经生存了几万年几十万年，我们人类只能生活 100 年，我们自然要问它有什么样的功能能够永生，也许将来人类也能找到这种长生不老的药，让我们也可以拥有几万年几十万年的生命，我觉得这是难以想象的，所以说真正的海洋有很多奥秘需要我们亲自动手去探索，要 get your hands dirty（亲自参与实际工作）。

如果我们只是在课堂里，只是在书本里，很多知识是非常枯燥的，我们没有办法真正让孩子们热爱这项事业，而达尔文为什么能够热爱海洋？热爱自然科学？非常重要的就是达尔文在年轻时周游世界，不光是在陆地上探索，他乘坐小猎犬号周游世界，第一次看到珊瑚礁，写出了关于珊瑚礁的第一篇论文。所以这种沉浸式的感受，我觉得对于孩子们是非常重要的。

我记得"挑战者"号环球航行所出版的考察报告的扉页上写了很重要的一句话，要勇踏前人未至之境，这对于孩子们来讲是非常重要的。你要到你没有去过的地方，我们不要带有任何想当然的设想，任何先验的认知，我们就是要到一个我们没有去过的世界，去真正认识那个世界，形成自己非常独特的视角，这对于将来的发展有非常大的帮助。我觉得对我来讲这是印象最深刻的。

🎤 **Tiffany：** 这真是学生们难能可贵的探索和了解海洋的机会。您觉得从学科建设的角度来说，像这样"海上课堂的课程设计"需要考虑到哪些方面呢？

🎙 **于卫东：** 我们是经过几次海上课堂的实践，希望未来能够把这种海上的科考活动安排得丰富多彩，真正像我们刚才所讨论的，呈现出一个各学科全方位的五彩斑斓的世界，包括从海洋最微小的生命，一直到海洋最庞大的生命例如鲸类。我们在海洋科考当中会看到很多，我举一个例子，就是我们经常在返航的时候碰到非常多的海豚，伴随着我们的科考船，海豚要一直跟随我们游很远，它们在我们科考船周边跳跃，不停地跃出水面，跟随我们航行，我能够感受到们的欢乐，你会发现从微小的生命到庞然大物，这是一个非常奇妙的世界。

同时在天上有非常多的海鸟经常落到科考船上，这是我们在海上非常奇特的景观，而且我们也看到有很多走向他们生命最后时刻的海鸟，因为有一些海鸟知道自己的生命马上要结束了，就会找一个最后的归宿，因为它不希望最后沉在大海里，所以会找海岛，会找任何一小片海当中能够支撑它的东西来作为归宿。我们曾经几次碰到海鸟落在我们的甲板上，有经验的水手告诉我，这是一个走向生命最后时刻的海鸟，它是在找它的归宿，它会在我们船上找一个不为人知的角落，默默离开这个世界，我觉得这一切都让我们有非常不一样的体验，就是我们真正来理解生命是一个什么样的历程。

我们在陆地上，我们每天身处纷繁复杂的世界，可能很难有这样静下心来的思考和观察。我们希望把全视角的自然界的认知带给同学们。我们从采水到显微镜下的观察，到水下机器人，水下机器人可以带给同学们几百米甚至几千米的水下采样，以及视频观察，我们现在已经拥有船的卫星通讯装备，将来也希望开通海上的现场直播，例如，海底有一次火山的喷发，有一个海底的热液喷口里面有旺盛的海洋生命存在等，没有时差地呈现在你的眼前，你可以互动，你可以问我们现场的操作人员这是什么？你也可以提建议，例如，能不能抓一条鱼？能不能采集一个虾的样本？我们希望能够实现这种无缝隙的沉浸式体验，让同学们在现场有非常好的对于海洋的认知。同时因为很多人是来不了现场的，我们也通过卫星通讯把这种现场感呈现给很多没有到达现场的孩子们。我们希望把这种全方位全景式的沉浸式科考更好地呈现给孩子们，让他们能够找到自己喜欢的，激发他们的科学热情。

当你看到这些美好之后，会激发你的创作灵感。你听到哺乳动物的声音之后，会激发你音乐创作的灵感。例如，我们说的海豚音，海豚音是一个很吸引人的唱歌方式，到海上可以听到海豚的声音、鲸类的声音，很多作曲的人都非常喜欢来听一听，而且很多声音也不在我们的听力范围之内，需要我们进一步分析它是低频还是高频，此外，有一些声音只有鲸鱼能够听到。如何在音乐创作当中把我们听不到的那种声音呈现出来？我觉得这也是非常有挑战性的东西，海洋可以激发我们无限的想象力，不一定只有科学它能激发你所有对于美好的想象力。

🎤 **Tiffany：** 谈到航海，我之前也谱写过与航海相关的一些作品，我未来也想去大海旁边从事作曲的创作，比如说等我高中毕业以后。我相信您也知道，在现在快节奏的社会当中，很多人很难有时间静下来喘一口气。我相信这其中很大一部分原因，是因为近些年我们所处的环境在不断地变化，导致社会越来越需要专业人才，所以年轻人面对的压力也变得越来越大。于教授，您是如何帮助年轻人找到自己在海洋研究领域中的存在感、价值感和认同感的？

📻 **于卫东：** 我同意你的观点，我想换一个说法，就是我们年轻人面临很多的压力，从另外一个角度上来讲，我们不要把这个东西想的太消极，我们从积极的角度来想的话，年轻人有更多的机遇。例如 Tiffany 你这一代和你父母这一代，我相信我大概和你父母差不多的年龄。在我们这一代当年可能没有这么大的压力，但是你应该认识到我们这一代，或者再往前的这些人，我们没有这么多的机遇。对我们来讲，我们非常庆幸在逐渐长大的过程中回望这一生，看到很多机遇涌现出来，看到很多东西发展得非常快，你们出生在一个非常好的时代，面临着非常多的机遇，你们可能认为这是大量的信息冲击，新事物的发展带给你们非常多的压力、焦虑、对未来成长的不确定性，但是从另外一个方面想，这也给了你非常多的选择，对吧？

你可以真正顺从于你内心的冲动，而不必像我们这一代人，可能我有很多梦想，但是我没有办法实现梦想，我可能要先做一点事情，在我的生活能够维持下去的情况下，一点一点地实现我的梦想。我觉得对你们这一代人来讲，境况有非常大的改变，应该更加积极地、更加开放地去看这种未来机遇。海洋就是给大家提供了一个机遇的场景，因为从我们认识海洋到现在大概 150 年，这是非常年轻的学科。

想象一下社会当中各种科学的发展、新技术的应用都是非常迅速的，但是你应该想到所有现在在你日常生活当中的场景，在海洋上都可能是另外一个新的应用场景，也就是说在你的生活当中，你的学校里边，你的社会里边所看到的东西，都需要搬到海洋里面去，这是一个非常大的挑战。如果在生活当中你很热爱摄影，你想做一个摄影记者，你有没有想过不和大家走同一条赛道，例如去做水下摄影，水下摄影是另外一个广阔的天地。

我们现在看到很多的珊瑚礁摄影非常震撼人心，如果你觉得在这种珊瑚礁潜水摄影的竞争仍然很激烈，应该想到我们尚未将几千米的深海摄影美学充分呈现给大家，在那里，你可以找到一个独特的场景，没有人群、没有竞争、没有压力。做好了就是这个世界领先；也许你热爱绘画，会到自然界中去写生，不管是城市的景观，还是落基山脉的风光，可能有很多人从事相关绘画创作，和他们竞争颇具挑战性，但是海洋题材的绘画还有很大的表现空间，我们甚至可以把马里亚纳海沟作为写生对象。

实际上目前画家们的写生范围只涵盖了 1/3 的陆地世界，画家还都没有去认真表现过真正的海洋世界。我觉得随着能力提升新技术的拓展，真实世界的很多应用场景会拓展到海洋领域，大家如果在社会当中感到拥挤，不妨换一个赛道，看看在海洋里能不能找到空间。现在很多人把眼光投入到海洋里边包括各种投资，这创造了未来无限的机会和可能。

大家应该从更积极面对的角度去思考，AI 也好、新技术的发展也好，给我们打开了另外一扇窗，这一扇窗比我们陆地社会更加丰富多彩，更值得去探索。所以没有必要有太多的焦虑，而应该积极拥抱快速变化的世界，在这个世界找到你内心里面最热爱的一个东西去做就好了，只要去做就会发现新的成就，不用担心。

🎙️ **Tiffany:** 我看到您在很多场面向年轻人的讲座分享中，都有介绍到海洋研究的发展史。您通过这种生动又博古论今的现场讲座来引出您的各种研究观点。您觉得这些讲座的内容在培养青少年对于海洋研究的兴趣方面起到了哪些重要的作用呢？

于卫东： 我想强调每一个人都是海洋科学发展的推动者，而不是一个旁观者。因为海洋科学是非常年轻的，海洋是非常巨大的，就像我说的 2/3 的地球，谁能够跑遍整个地球？谁能够跑遍海洋的每一个角落？我们往往会想这个世界上能做的东西都被很厉害的人做完了，但是海洋科学不是如此，如果你从事数学、物理学研究，可能会非常艰难，因为你想比肩牛顿，你想比肩爱因斯坦，这是非常难的，因为很多深邃的问题都被他们解决掉了。

对于数学、物理学，很多时候你可能是一个旁观者，但是海洋科学是一个实践性的科学，你应该是一个实践者亲力亲为融入其中，用你的实践来创造新的海洋科学认知。从这个过程当中，我觉得历史上很多例子都告诉大家，这些事情都是可以在你身上实现的。例如，达尔文，我们并没有看到达尔文有太惊世骇俗的地方，所以如果达尔文和牛顿相比的话，达尔文的工作我想大部分人只要愿意做，有对世界的好奇心，是完全有能力做得到的，但是牛顿的工作我相信一般人是做不到的。

达尔文所做的就是周游世界，来用他的一颗慧眼、一个好奇的心灵来看这个世界，我想这个工作对很多人来讲是非常容易的。海洋发展的历程给大家提供了一个画卷式的场景，你能够很好地参与其中。我想对大家讲，我是通过历史的发展来鼓励大家，不要认为海洋科学是非常高不可攀的，参与更重要，只要你参与，你就会有快乐，而且还有可能会有你的贡献、你的发现。

Tiffany： 在当下海洋和气候这类议题越来越引发关注的背景下，您觉得我们该如何更有效地向青少年们传播这些基础性和通识性的认知问题呢？又如何引发青少年对于相关议题的关注，以及如何让他们对这方面知识有更加深刻的了解呢？

于卫东： 我想根本性的问题是启发大家思考。大家都愿意看 BBC 的 Discovery 等的人与自然探索频道，实际上在社会高度发达的今天，我们更应该思考我们和自然之间是一种什么样的关系？我们冷静思考一下，我们应该和自然和谐相处，我们应该是有一个可持续发展的自然，而不能穷尽自然的各种资源为我所用。也就是说在 Tiffany 这一代人的身上，你已经看不到很多上一代所看到的世界，因为很多东西都消失了，很多物种在快速消失，很多景观在快速改变，你们更多看到的是高楼大厦而看不到例如北美大陆原来的样子。我们已经丧失了很多机遇，我们应该好好想一想人类到底朝哪个方向来发展，人类最终要实现可持续发展，就要认真思考人与自然的关系，这是一个科学和哲学兼备的思考。

所以海洋是其中一部分。我们在保护周边陆地环境的时候，不要忘了我们对其没有太多认知的海洋也是我们应该保护的。因为生活的方方面面都在改变海洋，而这种改变反过来会破坏未来发展的可持续性。例如，现在微塑料的问题，如果我们每天都扔掉一个矿泉水瓶，它最终是以微塑料的形式进入地下河、进入海洋，最终又回到我们喝的水里，也就是说我们这一代扔的塑料瓶，都会在更年轻的一代身上体现出来。我觉得这是一个非常严峻的问题，我们有责任保护环境，保护地球，海洋是地球的重要组成部分，我觉得随着社会发展，我们培养青年非常重要的就是培养他们对于未来的责任感，他们要承担起对未来的这种责任，要让青少年充分认知海洋是其中的一部分，他们有保护地球的责任，这是他们的地球、他们的未来。

🎙 Tiffany：您认为科学研究方面该如何去更有效地与普通的公众连接？如何提高普通人对于海洋保护的重要性的认知呢？

🔊 于卫东：实际上，我们为现代人创造了很多与海洋亲密接触的机会，这都是一些很好的公众教育机会。例如，与东南亚的项目中有很多是可持续生态环保旅游项目。像去红树林，大家都希望去东南亚的一些地方，毕竟印尼是全世界红树林资源最丰富的国家。

到那里你会发现自然是如此的奇妙和丰富多彩，而且人到那里会感到心旷神怡。此外，还有珊瑚礁潜水，近海的各种观鲸项目。更广泛一点，乘邮轮跨大洋的海上旅行等，也让海洋有各种各样的机会进入到普通大众的场景，我们希望通过这种和海洋相关的活动，让环境保护、热爱海洋成为他们生活的一部分。

你参加的每一个海洋活动都会是一个亲身体验的自然主义教育的过程。我们在与一些国家的合作中，非常突出地强调了这些内容，比如说 eco' tourism，就是一方面把环保的意识、热爱海洋的意识灌输进去，另外一方面它非常好地体现了可持续发展精神。在 eco' tourism 里面，它非常好的支持了 small scale，就是传统渔民。因为资源保护或者是作业方式的改变，传统渔民正在失去一些生计，慢慢不再出海捕鱼，相应的海域因此变成了一个保护区。

这种对于当地组织的支持，是一种非常可持续的方式。我觉得在东南亚地区有非常好的发展。我相信在加勒比海也是类似的情况，我们是通过各种各样的类似行动，把保护变成在一个个项目上面的重要组成部分，让大家清楚知道我们应该怎样保护环境。在校园里边，我们更多地推动减少塑料垃圾的行动。实际上在校园里面非常多的行动是很有效的，例如，我们有一些海洋主题的演讲，我曾经邀请环球帆船比赛的选手到校园里演讲，我觉得这些非常有影响力的海洋人物，也为青少年们提供了很多不一样的视角。就是真正把海洋的视角带到社会生活里面，带到校园里面，让没有接触海洋的人，能够知道海洋是什么。你知道海洋是什么，知道海洋的美好，你就自然地知道保护海洋的重要性，我想这应该是一个需要不断努力的无尽过程。

🎙️**Tiffany：** 好的，在您的科研经历中，有没有哪一场探索是让您至今都难忘的？这次奇妙的探索是如何带给您挑战的？

📖**于卫东：** 我很难说出来哪一个让我最难忘，但总体上来讲的话，能够参与印度洋科学考察让我非常高兴。我认为我这一生最大的收获就是我能够在印度洋开展非常多的工作，因为我生长在一个非常落后的内陆地区，我在上大学之前根本没有见过大海，也没有太听说过大海。上了大学我才第一次见到大海，对我来说，印度洋又离中国非常遥远，后来有幸能够在印度洋开展一系列的工作，这是我最感激的事情。在这个过程当中我得到了非常多的帮助和支持，也收获了非常多的友谊，我和很多印度洋周边国家的科学家都成为非常好的朋友。在东南亚地区，例如，我去印度尼西亚和泰国，我感觉这些地方很像我的第二故乡，我有非常强烈的亲切感、熟悉感，我去马达加斯加也感到和我有非常多密切的联系。我觉得这让我的人生更丰富，科学从来不是一个枯燥的东西，我非常享受我在印度洋周边的一些工作。我觉得这对于你们年轻人也有启发，就是你们现在可能想象不到将来会在哪里工作，也许你会去加勒比海工作，也许将来你会去太平洋岛国工作等，你的人生不一定在哪一天就会出现一个非常重要的契机，也许会把你带到另外一个完全陌生的，但是非常令人兴奋的事件。我们做一些和日常生活中循规蹈矩的状态不一样的事情，我觉得这对我来讲是最让我难忘的。

🎙️**Tiffany：** 好的。我看到去年海洋生态环境司向中山大学发来了一封感谢信，信中提到"中山大学号科考实习船"的高效性、安全性等方面收获了业内的一致好评。那么未来，您对于继续发挥以"中山大学"号为代表的平台资源优势，有没有哪些设想？

📖**于卫东：** 其实我们有很多想法，我们希望某种程度上能实现1～2个想法。例如，我最想做的就是让全世界的青年人都能参与海洋科考，甚至是环球科考。不同的航段邀请来自于不同国家的青年科学家，或者青年学生上船来真正认识海洋。像你们高中学生，我们组织了一个为期一周的海上航次体验。我觉得我们有这么棒的可以环球科考的平台，对我来讲，我非常希望在我退休之前能够做一次环球科考，用我们的科考船为各个国家的青年科学家、青年学生提供一个机会。因为我知道这个机会是非常难得的，很多人一生大概都难以有一次机会在大洋上航行，我希望能够通过和各个国家、各个组织合作的环球科考，为更多的青年人提供认识海洋的机会，让他们思考或者是帮助他们做一点人生规划拓展方面的东西。如果我们将来能够成功，有几千名青年学生参与了我们的环球科考，改变了一点或者是影响了一点他们人生发展的轨迹，让他们能够点燃一些梦想，我觉得这都是非常值得的。

🎙 **Tiffany：** 谢谢。对于普通的公众而言，海洋科学的研究意义可能并不是那么具象的。如果您要像普通的公众用一句话来概括您的研究意义，您会怎么说呢？

📢 **于卫东：** 我希望他们在品尝美味的海鲜时，不管是沙丁鱼、三文鱼还是金枪鱼，都能想到自己和海洋的联系，金枪鱼是我们海洋里非常漂亮的一种鱼，而且也是渔业资源快速衰竭的一种鱼。大家已经深刻地体验到渔业资源衰退的情况，在很多地方如加拿大鳕鱼已经禁捕，现在可能鳕鱼资源在恢复，这实际上是我们渔业资源保护的一个例子。

每一次大家在品尝海鲜的时候，我建议大家都要想到，这是我们和海洋联系的一个重要渠道。每一次大家经历雨季或者是下雨的时候，大家应该感受到下雨的水汽是来自我们周边的大西洋或者是太平洋。每一次迈阿密的老百姓受到飓风袭击的时候，不光是保护好自己，也要想到这是我们和海洋相处的一种方式。我们要更多地增强韧性，因为我们不能够改变海洋。

实际上在波士顿，我相信大家对大海的认知更加清楚。在波士顿旁边有一个叫 Cape Cod 鳕鱼角，你可以去搜一下波士顿最有名的鳕鱼角。曾经在那里遍地的鳕鱼多得吃不完。但是今天鳕鱼资源已经在衰退了，再往北面走的话，缅因湾的龙虾资源等也面临着类似的问题。我们在享受美好生活的时候，应该认识到，我们美好生活的一部分是来自于海洋，在波士顿你可以乘帆船出海，可以海钓等，有非常漂亮的海景。周边的纽约之所以发展起来是因为环球贸易，就是因为它连接了海洋，让纽约成为了全球贸易的中心，才有纽约的今天。所以不管是纽约也好，加州也好，它能够成为美国最好的城市，能成为全世界最好的城市，因为它有海洋，你能想象没有海洋的纽约会是什么样吗？

没有海洋，旧金山会成什么样子？没有海洋，波士顿会成什么样子？我认为波士顿是美国最漂亮的城市之一，远比其他城市更有味道，那是因为波士顿有河流，河流是流向海洋的。所以海洋塑造了生活，塑造了社会的方方面面，也许很多东西在失去之前，我们不知道它的宝贵，所以我们更应该在拥有的时候好好珍惜。

🎙 **Tiffany：** 是的，这让我想起了我初中毕业前，学校带我们毕业生去美国的缅因州进行为期四天的航海。我亲眼看到船上船员的各种作业活动，船员们还给我们捕捞了很多龙虾。这次航海经历让我在这之后，每次吃到龙虾，都会想起这次难忘的海上之旅，就像您刚刚所说的。

于教授，您认为在未来的十年里，有没有一个特定的突破或者研究成果，是您希望在您的职业生涯中能够亲自见证甚至推动的？

📠 **于卫东：** 我觉得未来有多种可能性，我很难想象某个特定的东西，但不管怎么样，我希望海洋科学在未来能从一个比较小众的科学领域更多地进入公众的视野，成为公众认知也好，生活当中一个非常重要的科学领域也好。大家即使不做海洋科学，也更多地参与到海洋保护中来，保护我们的海岸线，保护我们的沙滩，保护我们的渔业资源，保护我们海洋里的清洁水源等。实际上我最希望看到的就是大家的海洋意识能够得到很大提高。大家不仅要认识到我们是陆地生物，还应认识到人类也是海洋生物，因为我们来自海洋。就像马斯克所说的，我们应该认识到人类不光是一个地球生物，马斯克要做的是希望让人类能够成为星际旅行的物种，而不是被困在地球上的一个孤独物种。

我希望大家要认识到，人类不仅是陆地的物种，我们来自海洋。而且即使生活在陆地上，我们和海洋也有千丝万缕不可割断的联系，海洋是人类未来的一个重要支撑、组成部分。没有海洋就没有我们人类美好的未来。我昨天跟谢老师在上海开会，参观了上海举办的世博会，它汇集了世界各地的世博会元素，其中有一个我挺感慨的，1998 年在葡萄牙里斯本举办的一次博览会，其口号是"海洋是我们未来的遗产"，我很赞同这一说法。海洋不仅仅是我们今天和过去所依赖的，更是我们未来的依靠，如果人类想要有美好的未来，应该多考虑海洋。

威廉姆·奥斯汀
（William Austin）

英国圣安德鲁斯大学地理与可持续发展学院的教授、前海洋研究小组主席。他毕业于伦敦大学学院地质专业，拥有微体古生物学硕士学位及海洋科学博士学位。他曾获得伦敦皇家学会和爱丁堡皇家学会的研究奖学金，是英国自然环境研究委员会（NERC）评审委员会的创始成员，并持续担任该委员会评审职务。他现任苏格兰政府"蓝碳论坛"主席，是"苏格兰自然资本论坛"指导委员会成员，并领导联合国"海洋十年"旗舰项目——"全球海洋蓝碳计划"（GO-BC，隶属联合国教科文组织）。

　　暮色低垂，海面上，如梦似幻的浪花轻拍着心灵深处的涟漪。记得那时，在未醒的天际下，我赤脚奔跑于沁凉的沙滩，目送渔火与残星在薄雾中低语。旭日初升之际，海湾悄然变为流动的琥珀，浪尖轻抛出晶莹的碎玉，风中似乎也藏着盐的清冽。当我把目光移向显微镜下的砂粒，每一粒细小的沉积物都似在讲述冰河世纪的旧事。那些如米粒般的有孔虫骸骨，钙质的螺纹静默如凝固的泪滴，封存了远古时期海水的温度与酸度。它们的碳酸盐外壳在偏振光下闪烁，恰似童年沙滩上那一抹不经意的碎玉光辉。原来，所有对海洋的想象，最终都在通往对永恒真相的细密解读中凝结。

　　威廉姆·奥斯汀教授是一位海洋时空的"密码破译者"，他以科学家的严谨性与诗人的想象力，在北大西洋沉积物中解读地球气候史诗。他深耕古海洋学领域，运用有孔虫这一微观档案库，结合火山灰定年与碳同位素校准技术，构建了晚第四纪气候演变的高精度图谱。他研究发现，北大西洋经向翻转环流的强弱变化犹如地球气候系统的"心跳"，驱动着冰期与间冰期的交替。作为国际放射性碳校准（INTCAL）项目的领导者，他通过跨学科合作生成了关键的碳-14年代学数据，为全球古气候研究锚定时间坐标。在蓝碳生态系统研究中，他揭示了红树林、盐沼等海岸带植被的固碳潜能，其成果直接支撑了全球气候治理框架。利用卫星遥感技术追踪红树林动态时，他发现全球红树林损失速率正逐步放缓，为生态保护政策注入科学依据。奥斯汀教授的工作不仅重构了地球气候记忆，更为人类应对未来气候变化锻造了认知利器。

　　是什么激发了奥斯汀教授对海洋深处那段遥远历史的探索热情？他又是如何将传统地质学与现代环境科学相融合，推动海洋气候变化研究不断向前发展？接下来，请跟随我们的采访，一起走进这位学者的世界，探寻文明兴衰与自然律动的对话密码。

有斯之声记者：刘雨菲

　　刘雨菲，英文名 ophia Liu，现就读于华南师范大学附属中学国际部十年级。兴趣爱好广泛，尤其喜欢运动、音乐剧。在校内担任多个社团负责人，代表社团组织策划校级活动并成功实施。在 CTB 全球青年创新挑战赛中，带领团队取得全国赛优异成绩，晋级全球赛。善于从生活中发现问题，开展创新研究。积极参与学校、社区及医院举办的公益活动，为关照弱势群体贡献力量。

访谈 7

从沉积物到碳市场：
威廉姆·奥斯汀解密蓝碳生态系统

🎤 **刘雨菲：** 奥斯汀教授，您好！非常感谢您接受我的采访，我叫 Sophia，中文名刘雨菲，现在读十年级。我知道您是一位著名的海洋科学家，您的研究涵盖古海洋学、有孔虫研究、蓝碳生态系统和气候变化等多个领域，当前您最关注的研究方向是什么？是否有最新的研究成果可以与我们分享？

🔊 **威廉姆·奥斯汀：** 谢谢你，Sophia。看得出来你做了不少功课，也很关注我的研究领域，真的很棒。现在我主要专注于蓝碳的研究，特别是沿海植被生态系统如何通过自然之力为我们的气候和生物多样性提供重要支持。这些沿海生态系统对人类来说简直是宝藏。它们不仅能提供关键的海岸保护，还是人们休闲娱乐的好去处。我个人特别喜欢观察这些环境中的各种生物，如在那里观鸟就是一种享受。这些地方不仅美丽而且功能多样。最近，蓝碳被视为应对气候变化的一种基于自然的解决方案，这方面的研究越来越受到重视。我们发现，通过保护和恢复这些沿海生态系统，不仅可以有效地帮助缓解气候变化，还能带来诸如提高生物多样性、增强海岸防护等多重效益。可以说，蓝碳为我们提供了一种既自然又多效的解决之道。

🎤 **刘雨菲：** 听起来非常有趣！我想回过头来谈谈您研究海洋地质学的原因。是什么促使您选择古海洋学作为您的研究领域？您最喜欢这个领域的哪一方面？

🔊 **威廉姆·奥斯汀：** 这真是个好问题！说起来，那已经是很久以前的事了，当时我还是位学生，在选择大学专业时，我决定投身于地质学。我对地球的历史充满了好奇，特别是它随着时间怎样发生变化吸引了我。这种兴趣引导我进入了地球科学领域。随着学习的深入，我在攻读硕士和博士学位期间找到了自己的研究方向。那时候，人们开始对地球自然气候的变化产生了浓厚的兴趣，也就是我们现在所说的古气候学。我的研究主要集中在海洋沉积物上，通过分析这些沉积物记录下来的气候历史，自然而然地就步入了古海洋学这个迷人的领域。所以，可以说正是这种探索地球过去气候变化的好奇心和热情引领我走上了这条研究道路。这其中最让我着迷的是，我们可以通过古老的沉积物来解读那些发生在久远过去的气候故事，仿佛在解码一段来自远古的信息。

刘雨菲： 在您的研究生涯中，您认为自己最重要或最具影响力的科学贡献是什么？它如何推动了古海洋学或蓝碳研究的发展？

威廉姆·奥斯汀： 这确实是个很好的问题。我觉得在回顾我的研究生涯时，虽然有些工作可能没有特别突出的贡献，但我依然非常享受整个过程。然而，如果要说最具影响力的工作，那应该是与放射性碳定年有关的研究。这项工作是团队合作的结果，而且是一个真正的国际合作项目，汇集了来自中国及世界各地的科学家们。我们共同努力的目标是通过改进放射性碳年代学来更好地确定沉积物或考古遗址的时间线。具体来说，我们使用了一种叫作"国际放射性碳校准"（简称 IntCal）的方法，将放射性碳年龄转换成更精确的日历年表。

这个项目不仅因为其科学价值让我感到自豪，更重要的是，在这个过程中我有机会遇到来自全球各地的杰出同行，并与他们紧密合作。我们在几年前共同发表的一篇重要论文，就是这一合作的美好见证。这段经历真的非常宝贵，它展示了科学研究不仅是关于发现和创新，也是关于建立跨越国界的联系与合作。

刘雨菲： 您的研究是否发现了古海洋学记录中可用于预测未来气候变化的证据？全球变暖对海洋生态系统的影响是否有可能被缓解？

威廉姆·奥斯汀： 这个问题问得真好！确实，作为地质学家和地球科学家，我们倾向于通过研究过去的地质记录来帮助理解未来可能发生的变化。不过，在我们当前所处的时代，地球系统、气候系统以及地球周期正以极快的速度发生变化，这给我们带来了巨大的挑战。

虽然通过研究地质过去来预测未来的做法非常有价值，但我认为有一个具体的例子特别能说明问题。大约 20 年前，我参与了一项关于北大西洋翻转环流的研究。这个翻转环流，也被称为海洋传送带，负责将热量输送到高纬度地区。我们的研究表明，几百年前这一环流就已经开始减慢，甚至停止了。有趣的是，由于全球变暖导致北极冰盖融化，进入北大西洋的融水可能正在影响这个翻转环流。这意味着海洋环流可能会达到所谓的临界点，从而扰乱整个气候系统。一个讽刺的现象是，全球变暖可能导致北大西洋周围的冰层融化，进而使翻转环流减速，最终导致区域性的气温下降。

那么，我们能做些什么来应对全球变暖呢？这是个很好的问题。我认为我们可以从身边的点滴做起，比如，尽量减少温室气体的排放。每个人都可以做出改变——如果你去超市，可以尝试步行而不是开车；如果有可能的话，考虑将汽油车或柴油车换成电动车。此外，通过支持地方政府乃至中央政府采取措施减少温室气体排放，我们作为一个群体也能发挥作用。例如，在英国，政府正在努力减少温室气体排放，我知道中国也在采取类似的措施。国际社会对这些努力的支持至关重要。特别是对于年轻一代来说，越早采取行动越好。如果我们现在就开始做出一些改变，未来将会更加光明。因此，尽早采取行动是关键。让我们共同努力，为创造一个更美好的明天而努力吧。

🎤 **刘雨菲**：您的研究是否涉及人类活动，如渔业、港口开发对蓝碳储存能力是否有影响？如果有影响，将来有什么对策能降低这些影响？

📖 **威廉姆·奥斯汀**：这确实是个很好的问题。如果我们看一下蓝碳栖息地的丧失情况，就会发现历史上我们一直在失去这些宝贵的生态系统。以红树林为例，在英国以及中国等沿海边缘的盐沼栖息地，这些靠近海平面的低洼地带有时会被改造用于养虾。很多人都喜欢吃虾，这无可厚非，但我们容易忽视的是，这样的活动可能会对环境造成严重影响。例如，为了进行对虾养殖，我们可能砍伐了红树林，并开挖池塘，这对生态系统来说是一个巨大的破坏。去年夏天，我在越南与世界自然基金会（WWF）和当地团队一起工作时，访问了湄公河三角洲。在那里，我们不仅看到了美丽的沿海红树林，也目睹了由于转型为对虾养殖而导致森林消失的问题。虽然这种转变在经济上对当地居民来说很重要，因为它提供了生计，但从长远来看，我们也因此失去了重要的蓝碳储存能力。

这里的关键在于找到一种平衡，既能支持经济发展和人们的生计，又能保护自然环境。我们需要发展的空间，同时也要确保这种发展不会对环境造成不可逆转的损害。我认为，通过做出更加明智的选择，我们可以实现这一目标。比如，当考虑开发项目时，应该更全面地评估其对环境的影响，包括它如何影响温室气体的排放。就红树林及其转换而言，我们知道这样的行为会向大气中释放大量的温室气体。因此，我们在评估这些活动带来的经济效益时，也需要充分认识到它们对环境的负面影响。如果能够更好地理解和重视大自然所提供的服务，我们就能做出不同的决定。提高公众对大自然重要性的认识，是走向可持续未来的重要一步。这样，我们不仅能保护生态环境，还能从中获得长期的经济效益和社会效益。

🎙️ **刘雨菲：** 在您的研究中，跨学科合作如何推动古海洋学和蓝碳研究的发展？是否有一个成功的跨学科合作案例可以分享？

🗣 **威廉姆·奥斯汀：** 这是个很精彩的问题。跨学科合作在现代研究中扮演着至关重要的角色，尤其是在古海洋学和蓝碳研究领域。回想我的大学时代，当时我们主要专注于地质学，几乎所有的思考都围绕着这个单一学科展开。但随着时间的推移，特别是当我们开始探讨像蓝碳这样的课题时，你会发现它不仅仅涉及地球科学中的碳循环、生物地球化学以及沉积物中的碳储存，还涉及一个动态的生态系统——这需要生物学的知识。将这些不同的学科结合起来，自然而然地形成了跨学科的研究方法。举个例子，在我的博士研究期间，我专注于海洋科学。这其中既包含了物理海洋学，如洋流如何循环，也包括了生物地球化学，如海水化学与环流之间的关系。很明显，为了全面理解这些问题，我们需要从多个学科汲取知识，这也促进了不同专业背景的科学家之间的合作。跨学科研究不仅仅是自然科学间的合作。以基于自然的解决方案为例，它们不仅对气候有好处，还能造福人类和保护生物多样性。一旦我们将人类因素纳入考量，社会学和社会经济学就变得至关重要。比如，在越南的一个项目中，我们试图说服当地的虾农减少对红树林的砍伐，并通过延长树木的存在时间来维持生态平衡。要做到这一点，我们需要找到经济激励措施，使这种做法对农民来说是有价值的。这就引入了碳信用额或自愿碳市场的概念，为保护环境提供了一种经济上的动力。此外，政府也在寻找方法支持这些恢复自然的努力，但由于资金有限，这并非易事。因此，结合多种方式，如通过碳市场或碳信用额度，可以为这些环保努力提供必要的财政支持。

　　总的来说，解决复杂问题往往需要跨学科、多学科的方法。只有将各种专业知识和技术整合起来，才能更有效地应对挑战并实现我们的目标。这就是为什么跨学科合作如此重要，它能够帮助我们在保护环境的同时促进经济发展和社会进步。

🎤 **刘雨菲：** 能否与我们分享一次极端环境下的实地研究经历，如辛苦的深海采样或极地探测？这些经历对您的研究产生了哪些深远影响？

📻 **威廉姆·奥斯汀：** 确实是个有趣的问题。在我的研究生涯中，有些时候需要乘坐科考船出海进行采样，这些经历有时会非常具有挑战性。长时间远离家乡和家人，遭遇恶劣的天气和海上风暴，都是家常便饭。尤其是在那些需要离家几个月的长途探险中，我偶尔会不禁问自己为什么要选择这样的生活方式。不过，尽管条件艰苦，科学研究带来的兴奋感和发现新事物的动力是支撑我继续前行的关键。比如，在一次远海采样任务中，我们遭遇了连续几天的大风浪，船身剧烈摇晃，工作变得异常艰难。但每当我们在海底沉积物中发现新的线索或数据时，那种成就感简直无法言喻。

更重要的是，与一个优秀的团队合作可以极大地改变整个体验。在一个好的团队里，即使在最艰难的时刻，也能找到乐趣和温暖。大家相互支持、鼓励，共同克服困难。正是这种团队精神，让我们能够在极端条件下依然保持高效的工作状态，并且享受这段独特的经历。所以，我想说的是，虽然野外研究充满了挑战，但科学探索的激情以及与志同道合的伙伴一起工作的快乐，让一切都变得值得。团队合作不仅对完成科研任务至关重要，也让这些艰苦的经历变得更加难忘和有意义。希望这能回答你的问题。

🎤 **刘雨菲：** 在您的研究中，哪些新技术（如 AI、自动探测、新的地球化学分析技术）已显著提升研究效率？未来哪些技术突破最有可能改变海洋科学？

📻 **威廉姆·奥斯汀：** 这个问题提得真好！随着我的职业生涯逐渐接近尾声，我对这些新技术的发展保持着浓厚的兴趣。确实，近年来的一些技术进步极大地提高了我们的研究效率。首先，地球观测和卫星遥感技术正在彻底改变我们对蓝碳栖息地全球分布的理解。通过这些技术，我们现在能够更准确地监测这些栖息地的范围及其随时间的变化情况。我们可以追踪是否失去某些栖息地，或者是否有新的栖息地形成。这对于我们了解环境变化的影响至关重要。不过，要充分利用这些数据，我们需要先进的分析方法。这里人工智能（AI）就发挥了重要作用。AI 已经开始帮助我们在处理和解释大量复杂的地球观测数据，并取得了显著进展。它使我们能够更快、更准确地识别模式，并做出更有根据的预测。

　　尽管如此，我仍然坚信实地考察和实验室工作的重要性。那些实际的探险经历，以及在实验室中进行的细致分析，对于深入理解自然过程是不可或缺的。与团队成员面对面交流，讨论并解决问题，这种人类智慧的碰撞是非常宝贵的。因此，我认为即使技术再先进，也不能完全取代实地经验和实验室研究的价值。此外，在我的职业生涯中，分析技术的进步也是显而易见的。随着新型分析仪器的普及，我们在实验室中处理样本的速度和精度都有了质的飞跃。这不仅让我们能够分析更多的样本，还提升了我们研究结果的可靠性。

　　展望未来，我认为除了 AI 之外，自主传感技术和更加精确的地球化学分析技术也将带来革命性的变化。它们将进一步推动海洋科学的发展，帮助我们更好地理解和保护海洋环境。总之，技术的发展为我们提供了强大的工具，但真正的突破往往来自人与技术的完美结合。

　　🎙 刘雨菲：为什么研究蓝碳生态系统如此重要？您认为您的研究在应对气候变化和自然灾害等全球性挑战中扮演了什么样的角色？

　　🗣 威廉姆·奥斯汀：确实是个很好的问题。让我试着解释一下为什么研究蓝碳生态系统如此重要，以及我的研究如何在全球挑战如气候变化和自然灾害方面发挥作用。首先，我目前领导着一个联合国海洋科学促进可持续发展十年的项目，我们的口号是"我们需要科学来建设我们想要的海洋"。在蓝碳方面的努力正是为了让更多人了解自然生态系统的价值，并推广基于自然的解决方案。这些方案不仅能支持气候调节，还能减缓气候变化的影响。健康的自然生态系统通过光合作用从大气中吸收二氧化碳，并将其固定在植物和土壤中。这意味着，越健康的生态系统能封存越多的二氧化碳，减少其进入大气层加剧全球变暖的可能性。这种过程对我们来说至关重要，因为它不仅有助于缓解气候变化，还支持生物多样性和人类生计。例如，红树林不仅是许多商业鱼类的重要育苗场，也为沿海社区提供了重要的自然资源和保护屏障。关于自然灾害的防护作用，我在印度的朋友曾告诉我一个非常生动的例子：红树林就像一个天然的缓冲区，在大风暴或海啸来袭时，它们可以保护人类社区免受洪水和海水侵袭。有研究表明，在红树林完好的地区，当大型气旋、风暴和海啸发生时，对人类生存的影响显著降低。因此，保护和恢复这些生态系统实际上是在拯救生命和支持社区的安全。

　　然而，重要的是我们要认识到，虽然基于自然的解决方案非常重要，但它并不是解决所有气候问题的灵丹妙药。我们必须同时致力于减少温室气体排放，这是应对气候变化最根本的方法。如果我们能够恢复和保护自然生态系统，将会产生累积效应。随着时间的推移，越来越多的碳将被从大气中去除并储存在这些生态系统中。这不仅有助于实现国家净零排放目标，而且对于那些难以完全消除的排放来说，基于自然的解决方案将成为实现负排放的重要组成部分。

总的来说，研究和保护蓝碳生态系统不仅能帮助我们更好地应对气候变化，还能提供多种生态服务，支持生物多样性，并增强社区抵御自然灾害的能力。如果尽早开始这些努力，我们将看到更大的长期效益。

🎙️ 刘雨菲：蓝碳生态系统的碳储存能力在数十年甚至数百年后仍然有效吗？有哪些关键因素影响其长期稳定性？

🗣️ 威廉姆·奥斯汀：确实是个很好的问题，也涉及一些相当专业的知识。蓝碳生态系统在几十年到几百年间能够有效地储存碳，但这种能力的长期稳定性取决于多个因素。首先，我们需要理解"永久性"这个概念。当我们讨论碳储存时，通常认为如果碳能够在系统中存留至少 100 年，那么它就能有效帮助缓解当前的气候紧急情况。这种持久性意味着碳被带入系统并固定下来后，应该尽量保持不被释放回大气中。

然而，科学界对这些碳具体能储存多久还没有完全确定的答案。作为地质科学家，我们可以通过分析盐沼或红树林中的沉积物岩心来获取一些线索。通过年代测定技术，我们可以看到这些沉积物中的碳可以有几百年甚至上千年的历史。这表明，尽管每年新增的碳量可能不大，但这些栖息地作为一个整体，在长时间尺度上储存了大量的碳，这对应对气候变化来说是非常宝贵的资源。但是，影响蓝碳生态系统长期稳定性的关键因素之一是海平面上升。随着全球变暖导致海平面不断上升，沿海地区的侵蚀可能会加剧，这对蓝碳生态系统的稳定性构成了挑战。为了应对这一问题，我们需要确保这些生态系统尽可能健康且具有弹性，以便它们能够适应变化，并继续保护已储存的碳。

另一个挑战是如何处理海岸线的变化。随着海平面上升，蓝碳生态系统自然会向内陆迁移。在这种情况下，我们需要在规划过程中考虑到这一点，尽量减少人类基础设施（如公路、铁路和房屋）对生态系统迁移路径的阻碍。理想情况下，我们应该允许这些栖息地根据气候变化的趋势自然扩展，并尝试通过合理的规划来支持这一过程。

总的来说，虽然我们不能保证蓝碳生态系统的碳储存能力是绝对永久的，但我们可以通过维护健康的生态系统和灵活的土地使用规划，来最大化其长期效益。保护和恢复这些生态系统不仅有助于减缓气候变化，还能为沿海社区提供重要的防护功能。因此，确保这些栖息地的健康和适应性是我们应对未来挑战的关键。

　　🎤 **刘雨菲：** 好的，谢谢。我们已经讨论了很多关于您的研究，但在结束之前，您有没有什么最近的发现或项目想强调一下？

　　🔊 **威廉姆·奥斯汀：** 确实是个有趣的问题！虽然我们已经讨论了很多内容，但有一个项目我特别想和你分享，因为它不仅令人兴奋，而且对保护蓝碳生态系统有重要意义。这个项目叫作"全球红树林观察"（Global Mangrove Watch）。它利用地球观测卫星数据，帮助我们追踪世界各地红树林的变化情况——包括哪些地区的红树林正在扩大、恢复，以及哪些地区它们正在消失。红树林是非常重要的蓝碳栖息地，不仅能吸收大量的二氧化碳，还为许多物种提供栖息地，并在抵御风暴和海平面上升方面发挥重要作用。"全球红树林观察"是一个非常强大的工具，展示了地球观测技术在全球范围内的巨大潜力。通过这些数据，我们可以更清楚地了解红树林的动态变化，从而制定更加有效的保护策略。尽管目前我们仍在失去一些红树林栖息地，但数据显示，总体上栖息地丧失的速度已经有所减缓。这表明，随着人们对这些生态系统价值的认识不断提高，保护措施也变得更加有效，红树林得到了更好的保护。

　　当然，这项工作还在持续进行中，仍有许多地区需要更多的努力来恢复和保护红树林。但是，"全球红树林观察"项目为我们提供了宝贵的洞察力和工具，帮助我们在全球范围内更好地管理和恢复这些至关重要的生态系统。

　　总的来说，这个项目不仅强调了科技在环境保护中的作用，也展示了国际合作与数据共享的重要性。希望在未来，我们能够继续看到更多这样的进步，共同为保护我们的自然环境贡献力量。

　　🎤 **刘雨菲：** 非常感谢您对最后几个问题的分享。我想重点谈谈教育。您曾指导过许多跨学科研究的学生。能否分享一个您与学生合作解决复杂科学问题的有趣故事？这些经历对想从事气候变化相关研究的同学有什么启发？

　　🔊 **威廉姆·奥斯汀：** 确实是个非常好的问题。作为一名学者，我觉得自己非常幸运，因为这份工作不仅赋予了我大量的知识自由，还让我有机会通过教学和指导学生来分享这份热情。虽然教学有时充满挑战，但更多的时候它是非常有意义的活动，特别是当你能够让学生参与你的研究中时。

其中最有成就感的时刻莫过于与学生一起解决复杂的科学问题。这不仅是共同奋斗的过程，更是相互学习、共同成长的机会。我从我的学生们身上学到了很多，他们的新鲜视角和创新思维常常为我的研究带来新的启发。举个具体的例子吧，我的一位博士生即将完成他的学业。我们一起合作研究蓝碳土壤中的碳来源问题，并探讨全球公认的方法是否完全适用于这一领域。我们对现有方法提出了质疑，并与另一位同事合作撰写了一篇论文，最终发表在《全球变化生物学》杂志上。这个过程既充满挑战也极其有趣。我们发现，现有的某些概念可能并没有完全准确地描述蓝碳生态系统中的碳储存机制。

这段经历不仅仅是科研上的突破，更是一次深刻的教育体验。它展示了科学研究不仅仅是验证已知的事实，还包括质疑现状、提出新观点并尝试找到更好的解决方案。这种探索精神对于有兴趣从事气候变化研究的学生来说尤为重要。通过这样的合作，我希望激励更多年轻的学生投身于气候变化研究。无论是在实验室里还是在野外，每一个小的发现都可能对未来产生重大影响。谁知道呢？也许几年后，我们的研究成果会被认为是对该领域的宝贵贡献。但无论如何，参与这些前沿研究的经历本身就是一种宝贵的财富，它教会了我们如何面对未知，如何不断探索和挑战自我。

总之，通过与学生的紧密合作，我不仅看到了他们在这个过程中获得的成长，也见证了他们对科学研究的热情和执着。这对未来的科学家们来说是至关重要的，也是我在教育中最感欣慰的部分。

🎤**刘雨菲：**在培养年轻科研人员的过程中，您认为当前学术界在科研训练或人才培养方面存在哪些不足？如果有机会，您会如何改进这些问题？

🗣**威廉姆·奥斯汀：**好的，让我从积极的方面说起吧。我发现提供实地考察的机会是激发学生们动力和热情的一个关键方法。让他们亲身体验生态系统和栖息地，或者在实验室里与我们一同工作。这种亲身体验不仅能让学生真正成为研究的一部分，还能让他们对这一领域获得深刻见解和理解。

我认为，学生们通常都有很高的积极性，尤其是对环境、气候等领域充满热情。这种内在的热情是非常宝贵的，因为它能推动学生不断前进，并激励他们在某个领域继续深造。虽然我们可以选择其他职业路径，在经济领域赚更多的钱，但如果学生的动机只是追求财富，他们可能不会选择进入科学研究这个相对缓慢但意义深远的领域。因此，当我们寻找合适的候选人时，确认他们的热情能够推动未来的研究工作，这一点至关重要。这是一种非常重要的品质，虽然很难具体界定，但在与某人交谈时，你可以感受到他们是否具备那种改变现状的动力和决心。那种天生的好奇心，会为未来的科研进程提供源源不断的养分。

至于技能方面，我不认为存在明显的不足。实际上，我们需要的技能范围相当广泛。其中，计算能力对于任何方向的研究都非常有帮助，尤其是在处理和分析复杂数据时。语言表达能力和逻辑思维同样重要，因为撰写报告和论文需要清晰地传达复杂的科学思想。具备技术能力和解释复杂数据的能力固然重要，但如何把这些技术性的成果转化为易于理解的故事也同样不可或缺。这些并非人人都具备的技能，却对科学研究的成功至关重要。

🎤 **刘雨菲：** 向您提最后一个问题，我作为对海洋科学和气候变化感兴趣的高中生，将来想在大学从事海洋科学相关专业的学习，现在该做些什么准备？想听听您的建议。

💬 **威廉姆·奥斯汀：** 这真是个非常好的问题！首先，我要说的是，选择海洋科学作为你的大学专业是一个非常棒的选择。我的妻子学的是海洋生物学（属于海洋科学细分学科），她在这个领域里度过了非常充实的职业生涯。所以，从个人经验和我妻子的学业经历出发，我可以告诉你这是一个充满机遇的专业。为了更好地准备进入这个领域，我有几点建议：

1. 打好基础

在高中阶段，尽量多学习与科学相关的课程，特别是生物、化学和物理。这些科目是理解海洋科学的基础，也是你未来学习的关键工具。

2. 积累实践经验

尽可能多地积累一些实践经验。你可以尝试联系当地的大学实验室或国家公园，看看是否有实习或作为志愿者的机会。哪怕只是短期的参与，也能让你对海洋科学的实际工作有一个初步的了解，并且丰富你的申请材料。

3. 讲述你的故事

当你申请大学时，试着在申请信中讲述一个关于你与海洋的故事。是什么激发了你对海洋科学的兴趣？是某种特别的海洋生物，还是你在海边的一次难忘经历？分享这些展示你热情和个人动机的内容非常重要。记得我们在前面讨论过的"动力"这个词吗？用你的申请信抓住这一点，展示出你是如何被海洋环境所吸引的，以及你为什么想要从事这一领域的研究。

4. 展现品质的一面

虽然优秀的学术成绩是非常重要的，但在申请过程中展现你优良品质的一面同样关键。我们都喜欢看到申请者背后的故事——是什么激励着你，是什么驱动着你的激情。如果你能清晰地表达出这些，你就能在众多申请者中脱颖而出。

通过打好科学基础、积累实践经验、讲述你的故事并展现你的优良品质，你会为自己的大学申请信增色不少。记住，海洋科学是一个既具挑战性又充满乐趣的领域，希望你能在这个过程中找到真正的激情和目标。祝你好运，期待你在海洋科学领域的精彩旅程！

🎤 **刘雨菲**：谢谢奥斯汀教授！

🔊 **威廉姆·奥斯汀**：谢谢 Sophia！

何 青

华东师范大学河口海岸全国重点实验室，教授，长期从事河口海岸科学研究。研究专长为河口海岸水沙运动及河床演变及河口海岸工程泥沙应用。何青教授担任国际细颗粒泥沙科学指导委员会（INTERCOH）委员、国际泥沙学会（WASER）委员、教育部科学技术委员会委员、中国海洋湖沼学会副理事长、中国海洋学会海岸河口分会委员会主任委员、中国水利学会河口治理与保护专业委员会副主任委员、中国水利学会泥沙专业委员会委员、长江技术经济学会长江三角洲保护与发展专业委员会主任委员、长江技术经济学会理事。

第一次接触到"河口"这个词，还是在去年的暑假，我参加了有斯公益组织的"全球河口采样监测"志愿行动。顶着炎炎烈日，坐着租来的渔船，在福建泉州晋江的不同地点，像在实验室一样按照严谨的操作规范采集水样，同时细致地观察周围的环境，记录排水口、可疑的污染源等，为分析水样提供尽可能多的信息。

"河口"为什么重要，有什么值得分析的？既然是室外开放的水域，为什么采集时要严格地避免二次污染？通过对何青教授的访谈，我的疑惑得到了解答。河口海岸区域是经济繁荣和人口密集的区域，全球 60% 的人口和约 2/3 的大中型城市都坐落于此。受物理、化学、生物和地质过程的交互影响，形成了动态的生态系统。只有对这一区域进行深入研究，才能应对环境变化带来的各种挑战。

华东师范大学河口海岸全国重点实验室是我国海洋科学领域首个国家重点实验室。通过三十年的发展，成为服务国家河口海岸带高质量可持续发展、具有国际影响力的国家战略科技力量。实验室主任何青教授，衣着朴素，笑容亲切，娓娓道来，为我们揭开了河口海洋学的神秘面纱，让我们了解了河口海岸学为推动经济发展做出的努力和贡献。请跟随我们一起探寻究竟吧。

焦子健

"纸上得来终觉浅，绝知此事要躬行。"陆游的这句诗，道出了实践对于认知的重要性。在书斋中苦思冥想，往往难以触及真理的本质；唯有在实践中摸索，才能找到真正的答案。

作为一名初二的学生、有斯公益的小记者，我有幸前往华东师范大学河口海岸全国重点实验室，采访中国著名河口海岸专家、博士生导师何青教授。虽然自己对地理学科充满热情，但仅限于课本上的知识。为了准备这次采访，我翻阅了大量资料，准备了一长串问题，自以为做足了功课。然而，当我真正坐在何教授面前时，才发现自己的准备是多么肤浅。

何教授的实验室堆满了各种岩石样本、地图、测量的各类仪器，墙上挂着卫星拍摄的照片。她随手指着一个像鱼雷一样的测试仪器，向我讲述它背后的故事。我原本准备的问题显得那么生硬和幼稚，手中的笔记本不知不觉间已经写满了新的疑问。何教授看出了我的窘迫，笑着说："年轻人，不要被书本束缚住了思维。真正的知识，是在实地考察中获得的。"

这次采访彻底改变了我对学习的认知。我希望有一天可以跟随何教授来到长江入海口，目睹潮起潮落对海岸线的影响。可以站在泥泞的滩涂上，感受脚下大地的脉动，也许到那时，我才能真正理解何教授所说的"动态平衡"。正如李四光所说："观察是得到一切知识的一个首要的步骤。"

马上要步入初三，不久之后，即将站在高考这一人生的十字路口，站在人生的十字路口，我常常想起这些经历。它们让我明白，答案不在书本的扉页里，不在理论的迷宫中，而在实践的土壤里。实践是检验真理的唯一标准，也是通向智慧的必经之路。在这个充满不确定性的世界里，唯有在实践中不断探索，才能找到属于自己的答案。

李昌朔

有斯之声记者：焦子健

上海圣华紫竹学院 AP 学部高中学生，初中就读于华东师范大学第二附属中学附属前滩学校。爱好体育，曾为校篮球队队员。热心公益，有高度的责任感和同理心。曾利用暑假前往湘西走访贫困学生，参与支教助学行动。作为有斯公益的积极分子，参与"海洋十年""全球河口采样监测"志愿行动，身体力行支持推动河口海岸治理和可持续发展目标的实现。

有斯之声记者：李昌朔

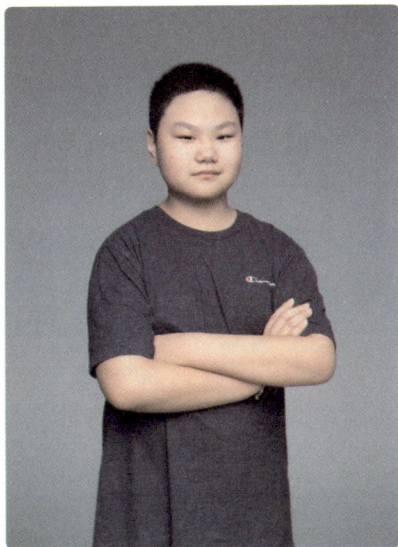

上海进才实验中学初二年级学生，小学就读于上海师范大学附属外国语学校。自幼爱好美术、体育与音乐，连年多次在上海各类市区级绘画比赛中获奖。热爱体育，擅长羽毛球和游泳。曾持续研习过 6 年的打击乐，已达到组建乐队的水准。

富有爱心，热衷公益与环保。2023 年，在中新友好协会携手有斯公益和平澜基金会共同举办的"丝路心相通"友好交流活动中，以其出色的油画作品支持"熊猫遇见奇异鸟——中新青少年公益艺术展"，并在奥克兰国际艺术空间展出，被授予"中新文化交流小使者"荣誉称号。

访谈 8

泥沙运动的哲学课：
何青的生态账本与教育算法

第一部分：河口海岸对海洋生态的影响

🎙️焦子健： 何教授，您好！我们都知道河口海岸是海洋和陆地"相遇"的地方，但人类活动也在改变这场"约会"的节奏。人类活动是如何影响泥沙运动和河口海岸生态系统的？这种影响是好是坏？我们如何干预这个"约会"向有利的方向发展？

🗨️何青： 首先谢谢你这个问题，这个问题还是挺大的，我觉得词用得特别好，河口海岸是流域和海洋相遇的地方。我们还有挺多有趣的表达。科学的表达叫陆海相互作用，它是陆地和海洋相互作用的地方。文学的表达就是当河流遇见海洋，我们的工作就在这么一个特殊的地方。

我想先简单介绍一下河口海岸的特点。全世界的河口海岸都有一个特点，就是人特别多，多到 50% 的人口都在河口海岸带或河口海岸区域生活。还有一个特别多，就是河口海岸对社会经济的支撑，用 GDP 来衡量可以达到 50 ～ 60%。但是有一个特别少，就是占的面积特别少。比如，我们国家 10% ～ 13% 的陆地面积承载了 43% 的人口，产出了 60% 左右的 GDP。

你刚才问了一个特别好的问题。这个"约会"（这个用词特别棒）到底有什么有利的方面，有什么不利的方面，或者说有什么压力？就像你们学习有压力一样，海岸带也有压力，我就从三个方面跟你们聊聊。第一，就是河口海岸带，我自己主攻的专业叫水沙运动和河床演变。浑浊的水就是水挟带着沙运动。河床演变实际上是水沙运动的结果。泥沙多了往往产生淤积，泥沙少了产生侵蚀了。这是我主攻的专业方向。海岸带的一大功能就是缓冲带。这个内涵就很丰富。第一个内涵是保安全。在上海一到夏末秋初的时候就有台风，海岸带面临灾害风险，泥沙淤长的海岸带有一个非常好的缓冲功能。第二大功能就是生物多样性。谈到生物多样性，我们会想到中国最大的渔场——舟山渔场，它提供我们饮食里很大一部分优质蛋白质，这样一个海岸带区域是生物多样性富集的一个地方。河口区域是鱼类的索饵场、育幼场、产卵场。最重要的河口还是这些鱼的洄游通道，非常神奇，所以我们叫它"三场一通"。河口海岸带是生物多样性最丰富的地方。我们需要保护这个地方。但人有生存需要，不加限制，会造成过度捕捞，最近我国有一个非常重要的举措——十年禁渔，就是针对过度捕捞、保护生物多样性而出台的一个保护鱼类的法律文件，也是可持续发展的大事。第三，我们河口海岸带，特别是长江河口有大片潮滩，它是南北迁徙鸟类的"加油站"，还是国际上重要的鸟类迁徙地。因为鸟类会飞很远，总要有一个驿站补给，有一个休息的地方，所以它们选择在我们长江河口的浅滩湿地、沙岛上觅食。例如，东亚—澳大利西亚候鸟迁徙的关键节点就有长江口的崇明岛。这就是当河流遇见大海，有什么样的约会以及约会了以后会有些什么情况。谢谢你的问题。

焦子健： 听说全球气候变化让河口海岸的"脾气"越来越难捉摸，水沙运动也变得"喜怒无常"。这些变化会不会让海洋生物们"搬家"甚至"失业"？科学家如何预测并应对这些挑战？

何青： 全球变化也是一个很大的问题。全球变化主要包括气候变化和人类活动，除了我们能感受到的气候变暖，还包括人类活动。人类活动比三四十年前影响多得多，河口海岸是受到全球变化影响最敏感的地方。你的问题说水沙运动也变得"喜怒无常"，我觉得这个形容特别好。海洋生物会不会受到影响？会不会搬家？我不是海洋生物学家，但是水的"喜怒无常"，我们可以展开说说。在上海，2022 年夏天长江流域特枯，河口淡水水库告急，大家有一阵子都在多买点水存着，这个就是水的变化对我们生活的影响。沙的变化比水要慢，但是它变化恢复起来也很慢，因为老天爷可以降水但从不降沙。现在有一个非常明显的信号就是上海滩的泥沙持续下降。上海是滩涂生长演变发展起来的，所以叫"上海滩"，上海滩最能感受到水沙变化的喜怒无常。水的变化我们感受得到，沙的变化就是流到长江口的来沙越来越少了。这样滩就不舒服了，因为滩要靠泥沙落下来才能生长。所以我们做研究的压力很大，滩如果不再长怎么办？中国有句话叫不进则退。我们上海滩如果不淤进，则可能蚀退。那我们城市的发展就会受到影响。所以这个喜怒无常用得特别好，整个全球气候变化和人类活动对生态系统，或者对海洋生物的搬家或失业的影响体现在几个方面，首先是气候变得特别热。

2024 年是全球历史记录最高温的一年，鱼以及其他生物也感受得到，它们的繁殖和生长受温度影响很大，比如，鱼类产卵是受到温度启发的，温度一变化，它也糊涂了，搬家是有可能的，其次，我们河口海岸地区现在有一个威胁存在，河流带来的氮或磷等营养盐本是营养的东西，但是超过了一定的浓度以后，就变成了负面的富营养化的环境问题，产生大家都知道的赤潮。还有一个是缺氧问题，鱼跟我们一样也需要氧气。氧气含量 5mg/L 以上鱼会觉得很舒服，在 2mg/L 以下它就喘不上来气了，科学家们会把小于 2mg/L 的地方叫死亡区。所以赤潮和缺氧是与"失业"有关的主要问题。这是我们现在非常需要重视和研究解决的课题。我觉得第二个问题特别好，我们就先讨论到这。

焦子健： 长江三角洲是中国的"经济引擎"，但它的海岸线变化会不会让东海和太平洋的生态也"压力山大"？您是否遇到过一个特别让您印象深刻的案例？

何青： 咱们生活在上海，所以特别能明白社会发展中"经济引擎"的含义。刚才提到海岸带为国家产生 60% 左右的 GDP。三大河口是人类活动最多的地方。现在粤港澳大家都很熟悉，它也是依托珠江三角洲发展的区域。上海或者严格意义上讲长三角，为国家产生的 GPD 高达 25%。所以你提到的经济引擎长三角就特别有代表性。海岸线变化我刚才讲了，长江流域给河口的供沙已经是 40 年前的 1/3，2/3 都没有到我们河口，供沙不足变成了海岸带发育的巨大压力。滩地，有时候我们也会叫湿地，起着支撑潮滩生态系统的压力，如果滩不在了，鸟就没有生存空间，皮之不存，毛将焉附，滩地上的动物、鱼，如果没有了的话，那鸟就没得吃了。还有一个我们刚才讲的索饵场，鱼需要吃的东西很多是潮滩上长的。所以生态系统保护的同时我们更要保护滩地，从逻辑上来说，就是只要海岸线或滨海湿地发生变化，生态系统就会随之受到影响。这是我的观点。

第二部分：研究工作中的困难与挑战

李昌朔： 您研究了这么多年河口海岸，有没有遇到过那种让您"抓狂"的科学难题？比如，是不是有些问题像"追剧"一样，明明感觉快解决了，结果又来了个"神反转"？您是如何突破瓶颈的？

何青： 我理解的"神反转"是这些具有警示和启发作用的典型案例。例如，我们上海有个青草沙水库，是中国和世界上最大的河口江心洲水库，它供应上海市居民 50%～70% 的饮用水。当时这个水库的选址就是我们河口海岸陈吉余等老一辈科学家做的。在监测青草沙水库的过程中，我们新的团队继续在提供模型预报及安全警告，因为河口盐水入侵影响淡水资源。在 2022—2023 年，全球气候变化剧烈，给我们上了一堂课，全年的缺水严重。当年夏天的流域来水量跟往年冬季一样。水库面临很长一段时间不能蓄水，这件事让我们很"抓狂"。更抓狂的是，盐水入侵时，海上连续刮台风，影响了淡水的取水工作。

反转：

（1）值得称赞的是上海城市的管理效率：收到预警后的上海市相关管理部门，快速行动，高效应对，选择多管齐下，用黄浦江水作为应急，全面缓解了全球气候变化造成的城市严重缺水问题。作为市民没有感受到用水危机，百姓安居乐业，我们的研究团队也很自豪和欣慰。

（2）值得科学家和青少年反思的问题：气候变化对人类生活的影响，已经强烈到超乎我们的想象。2022—2023 年的特大干旱导致的河口缺水，警示我们应该更加关注淡水资源的安全性，并需要尽快找到可持续的解决方案。

🎤 **李昌朔：**我们都知道，经济发展和生态保护有时候像"鱼和熊掌"，很难兼得。在河口海岸工程中，您是怎么在这两者之间"走钢丝"的？您是如何找到"双赢"策略？是否有成功的河口治理案例可以借鉴？

🗣 **何青：**的确如此，经济的快速发展，一定会对生态产生影响。人类也在利用自己的智慧，积极应对和努力平衡。例如，上海开通北槽深水航道工程，在硬工程建设过程中加入了生态礁石，可以通过自然的方法改善航道工程的环境影响。

与自然和谐的做法，荷兰海岸防护的"沙引擎"案例很有启发。当年，荷兰用 2150 万立方米的沙自然放置在海岸线上，用海岸潮汐的自然动力推动泥沙运动，沿着海岸线输运，与海滩融为一体，达到用自然的水沙运动保护海岸线。直到今天，这个工程已经开展了是多年，是成功并值得我们借鉴的。

🎤 **李昌朔：**国际合作听起来很"高大上"，但实际操作中会不会充满了误解和挑战？您是否遇到过一次"文化冲突"或"思维碰撞"的合作经历？

🗣 **何青：**上海是一个国际化程度很高的都市，我们的河口海岸全国重点实验室的国际化程度也很高。多个国际项目的总部都设在我们这里。特别是我们实验室正在负责联合国"海洋十年"的"大河三角洲"国际大科学计划，正在带领全球的科学家，为全球的 25 个三角洲，提供可持续发展的解决方案。刚刚有斯之声记者们问的很多问题，都在我们的研究范围内。

在实际的国际合作中，尽管我们是研究自然科学的，但从文化和思维的角度，我这里举个中西饮食文化碰撞的例子做个有意思的"类比"。有一个有趣的经历，有一年我们在荷兰访问，有一次荷兰科学家请我们吃 cheese（奶酪），那个 cheese 上布满了绿色斑点，我们以为发霉了，但这是荷兰人拿出了当地最有特色的 cheese 请我们品尝，据说还挺贵的。所以，我建议我们青少年，在国际交流与合作中要做好功课，了解当地风土人情、生活文化、思维习惯和宗教信仰等，这有助于在彼此的沟通中避免误解，提高互信，增进友谊。

第三部分：AI 技术对研究的赋能作用

🎙️**焦子健**：AI 技术现在可是个"网红"，那它能不能成为河口海岸研究的"超级助手"？在您的研究领域，它如何助力解决传统方法无法破解的难题？

🗣️**何青**：这是一个非常重要的问题。全世界每个研究科学的，包括研究自然科学和社会科学的人都在想这个问题。我想把它分成两个层面：一个是理论，一个是技术。它带给我们更近身的感受是技术上有一个巨大的突破。针对我们这个学科的突破，我理解包括三个方面，一个是监测的数智化，我们研究的第一手数据都是从现场监测得来的，还有一个是模型，现在都是大模型。最后一个是智能解决方案。监测也好，模型也好，还要有一个优选的方案，AI 在这三个方面都会对此有颠覆性的理解、认知，并对人们产生帮助。但是话又说回来，我个人的理解，在学科的关键参数机理性的研究认知方面，现阶段还是要靠人类聪明的脑袋来完成，而不是单纯地依靠 AI。10 ~ 20 年以后可能 AI 的帮助会更多，但是那也要取决于高质量的数据以及大模型的训练和完善。

🎙️ **焦子健：** AI 擅长处理数据，但它是否会像"学霸"一样，缺乏"直觉"？在您的研究中，AI 的优势和局限分别是什么？

📣 **何青：** "直觉"两个字我觉得你用得挺好的，直觉给人是一种非常直接的感觉，但我不这样理解，只有拥有深厚的认识积累、经验或深层次思考以后，才能有比较正确的直觉。还是我刚才讲的，理论上的突破要靠人类智慧的大脑。但是 AI 的其他优势我刚才也讲了，它会快速地、大批量地在一个月或者是一个星期中帮助我们完成原来在一年或十年里才能完成的工作。AI 会在分析化学或者医药领域的优势非常大，对我们这个学科也有帮助，但还有很大的提升空间。

🎙️ **焦子健：** AI 能不能像"算命先生"一样，预测河口海岸的未来？如果能，这种预测对海洋保护政策的制定有多大帮助？

📣 **何青：** 答案是可以的，AI 可以预测未来。基于 AI 监测、AI 模型、AI 方案，本身 AI 就是面向未来的。AI 对海洋保护和政策制定的帮助我觉得也是正面的，肯定是有很大帮助的。但是现阶段或者未来，我个人认为仍然要加入人类的判断，即对方向的把握、对它给出答案的正确与否的判断。我不觉得它像"算命先生"，但是预测是没问题的。

第四部分：青少年的行动与习惯对于海洋保护的推动作用

🎙️ **李昌朔：** 我们青少年在日常生活中有哪些习惯会影响海洋生态？是否有一些"小行动"可以真正帮助到海洋？

📣 **何青：** 这个问题，我分为两个部分来回答。

所有的习惯都源于意识。首先，青少年要建立保护海洋的意识。从小开始，关心地球上的海洋。日常生活中，不要只有学习和考试。中国本来就是一个海洋大国，我们要从气候变化的影响开始，积极关心对海洋的保护，因为这些与我们的日常生活息息相关。

有意识，然后要有行动。目前，对海洋污染最严重包括大家熟悉的海洋塑料。我希望青少年从小做起，少用塑料制品。另外，尽量绿色出行，如骑自行车，既锻炼身体又起到保护地球、保护海洋的积极作用。

从做小事开始到做大事保护海洋。今年特别值得一提的是 Deepseek，我们看到了中国年轻人的智慧与勇气，建立了在全球具有竞争力的 AI 大模型。从我自己的研究领域和认识出发，在中国，我们目前尚缺心灵手巧的，能够研发仪器的科学家。我呼吁青少年，努力投入应用于更多科学研究的仪器设备研发，特别是我们的海洋科学，需要更多的国产化仪器设备，以突破一个又一个高精尖的技术难点课题，为人类的环境保护和海洋的生态可持续发展提供科技支持。努力把一个个小行动变成可以影响或引领全球发展的大行动，这也是中国青少年要培养的大格局和世界观。学校应该从这个层面积极"种草"。

🎙 **李昌朔：** 学校教育能否"种草"海洋保护意识？在您的成长经历中，是否有某个瞬间让您决定投身海洋研究？

🎙 **何青：** 我们所处不同的时代，成长环境很不一样。我将自己的求学和工作经历分成两个阶段，希望可以给你们一些借鉴。

第一个是求学阶段，我在高考时，恰逢国家改革开放初期。那时的高考志愿并不完全是个人的自主选择。各种机缘巧合，我的本科选择了水利工程专业。我们这一代人是很听话的一代，更多的听从老师和家长的建议。这是第一阶段，所以当初选择的专业不能算是自主热爱。所以，从我的成长经历反思，我特别鼓励现代的青少年，选择发自内心热爱的学科专业。你们这一代的自主性很高，我很羡慕你们目前的成长环境，你们一定要珍惜这个环境。

进入学习和发展的第二阶段，我认为自己很幸运。本科毕业后，我选择了一个自己喜欢的研究单位——中国水利水电科学研究院的泥沙研究所，并进入硕士学习阶段。我在清华大学上专业课时，还遇到过科学家钱宁院士，他是中国泥沙运动力学的奠基人。1947 年，钱宁院士赴美留学。他先就读于美国爱荷华大学水利系，在流体力学权威亨特·劳斯教授的指导下获得硕士学位；后又转伯克利加州大学学习泥沙专业，师从物理学家爱因斯坦之子、泥沙研究专家汉斯·阿尔伯特·爱因斯坦。我印象最深的是清华大学的一块石头上，镌刻着爱因斯坦送给钱宁先生的一段文字，至今仍感动和激励着我，我今天特别分享给你们。"每天我都无数次地提醒我自己，我的内心和外在的生活，都是建立在其它活着的和逝去的人的劳动基础上的，我必须竭尽全力，像我曾经得到的和正在得到的那样，做出同样的贡献。"

🎙 **李昌朔：** 如果我想成为像您一样的科学家，应该如何培养自己？是不是得先学会"玩泥沙"？

何青： 我想有两点特别重要：第一，一定要找到自己真正的热爱所在，才能全力以赴，深入其中，并感受到快乐。第二，一定要有自己的想法，不能人云亦云，甚至要挑战父母师长的经验与观点。目前在中国，我发现很多学生不清楚自己真正想要什么？真正的热爱在哪里？所以，我建议无论是学校还是家长，都要关注培养学生们的兴趣爱好，拓展视野，多走走多看看，尽早锁定喜欢的目标。这对于一个人的成长和国家的发展都至关重要。

如果昌朔你喜欢并擅长动手，我就鼓励你去钻研机械，开展仪器的设计和研发，至少我从事的这个领域就非常需要这样的人才。所以，希望你们都能早日找到自己的热爱，并每天努力奔跑在热爱的工作里，向社会绽放自己的价值。

第五部分：未来展望与城市影响

焦子健： 您对未来河口海岸研究的最大期待是什么？是否有一种"黑科技"正在改变这一领域？

何青： 河口海岸研究有这样几个发展方向：第一个方向是刚才你们已经提到的 AI。如今是数字化、智能化的时代。河口海岸研究的发展要跟上这样新节奏和新步伐。可以实事求是地说，现阶段我们还在思考怎么样跟上 AI 快速发展的步伐，你们的提问其实已经指出了这样的发展方向。第二个发展方向，我们以前做自然科学研究做得多，但是跟社会科学的融合和结合都是不足的，为什么这样说？因为河口海岸是人口密度最大的地方，也是社会经济最发达的地方。所以做自然科学的过程研究，其实还是要反馈到社会经济和人类高质量生存的层面上。我们现在作为科学家也经常在问自己一个问题，我们的河口海岸，我们的河口三角洲到底有多少资源？能承载多少人口？做怎样的社会发展的支撑？粤港澳大湾区的经济和长三角，如何在可持续发展的条件下，支撑、承载人类的生存？这是我们研究今后要特别关心的。我们原来关心单一的自然过程比较多，水怎么样，沙怎么样，地貌怎么样，环境、生态和赤潮缺氧我们都有研究。但是整个系统性的、交叉性的研究不够，同时真正服务人类生存的研究还要加强。最后我觉得从空间区域上，需要更多地开展国际化的研究。实际上你们未来也需要这样，因为我们都是地球大家庭的人。

李昌朔：上海是"靠海吃海"的城市，海洋保护如何影响这座城市的可持续发展？未来的海岸线会不会"长得不一样了"？

何青：这个答案是肯定的，未来的海岸线肯定跟今天长得不一样。有一个要特别关注的就是海岸线的侵蚀后退。由于流域物质通量的变化，特别是泥沙通量的下降带给河口海岸带物源供给的严重不足，从而会导致中国海岸线被侵蚀的问题，现在这件事已经在发生了。大概2/3的海岸带或多或少都有侵蚀发生。还有，我们应该保护现有的海岸线。用生态与自然共建的方法，把它保护得又稳定、又健康、又漂亮。鸟愿意过来，人也愿意去，水里面的鱼也有饵料。可持续发展是一个全球性的永恒主题。海岸带的可持续发展，我觉得还是要从安全的角度先做好生态屏障建设。有发展、有保护、有绿色。同时它又是稳定和安全的。我们希望未来的海岸线是这个样子。

焦子健：最后，您觉得在全球海洋治理的舞台上，上海能否成为"领头羊"？中国的海洋保护经验是否可以向全世界推广？

何青：这个是肯定的，现在上海在金融、贸易、航运等方面已经成为领头羊了，全球的特大型城市，支撑2000万到3000万人口的生活，而且保证较高质量的人民生活，是非常了不起的一件事情，所以从结论上来说应该是领头羊了。如果要向全球的海洋海岸带来推广，我觉得有几个方面还可以做得更好：一是对生态的保护和灾害防范，使这个城市更安全，这方面我们可以做得更好，二是社会经济发展跟海洋结合，或者说是海洋经济发展的方面。我们已经是国际航运中心的领头羊。从集装箱的箱数来说，今年应该已经是第14年的全球第一。但是我们国际航运中心建设还有很多内在的问题，如服务性、软实力的提升方面，国际法方面的话语权等诸多方面，仍有更高层级的发展建设需求，例如，在科技创新更好地引领世界，这也是我们面临的挑战。

李昌朔：海洋科学是一门充满挑战的学科，面对研究的不确定性，您是如何保持热情并不断推动学科发展的？

何青： 你这个问题很好，讲到了持续热爱的驱动力。

首先，驱动力来自使命和责任感。我工作所在的单位是 1957 年成立的，是中国第一个河口海岸的研究机构。今天，实验室所有的成果以及发展壮大，是几代人集体努力的成果。目前作为重点实验室，引领全球河口海岸的研究与发展，承担国家一个又一个重大科研攻坚项目，解决人民的实际生产生活的问题。我对自己能在这样的实验室里工作，深感荣幸。

其次，带有加速度的保持热情，是自己对所研究学科的热爱。从本科到研究生，再到在重点实验室工作，随着时间的推移，我跟自己的学科相互磨合，感情越来越深厚，研究工作已经是我生命里不可或缺的一部分。

最后，我们在河口海岸研究领域，无论是理论层面还是技术应用层面，都是围绕着国家需求、人民生活乃至全球人类命运共同体而进行的，跟人类以及地球上生物的生存与生活息息相关。当看到自己的努力成就了一个又一个工程项目，达成了国家的目标、人民的需求，甚至带动了全球的发展，这种成就感持续地驱动了自己。所以，积极、正向的精神和持续的热爱极为重要。

採访手记

采访手记

蔡梅江

1982 年毕业于上海海事大学（时为上海海运学院），具有多年海上、海外和海内工作经历，在海上航行安全、船舶管理、船员管理、风险管理、海洋工程、极地航行等领域具有较多的经验积累和技术研究，荣获巴拿马海运杰出贡献奖、巴拿马国际海事大学金质荣誉奖、巴拿马国际友好奖、巴拿马杰出海事培训服务奖、中远慈善沁园最佳荣誉奖。2013 获评中企走出去杰出人物，2014 中企全球化优秀人物。此外，他还担任国家船检局和地方船检局船舶检验委员会评委，是行业杂志（巴拿马运河信息和巴拿马河须知）特约资深刊评、航运运维与安全管理自主评价系统（海上安宝红宝书汇编）专家评审；曾荣获中国航海学会科技进步特等奖等奖项。

　　"海洋"这两个字对于小学时期的我来说，可能出现在课本里，出现在动画里，也可能出现在老师和同学的话语中，更可能出现在我的想象中。你听过这首歌吗，它是这样唱的："大海啊大海，是我生活的地方……大海啊大海，就像妈妈一样……"这是我最早学习的一首歌，也是我认识海洋的契机。也许我与大海冥冥之中有不可思议的缘分，初二的时候一次很幸运的蓝图研学活动，让我看到了大海的广阔与蔚蓝，宽容与平静。赤脚走在沙滩上，感觉很温暖，也许这是大自然妈妈怀抱的温度，也许是海洋妈妈呼吸的温度；我们在海边互相泼水嬉闹，不亦乐乎，似乎洗涤了我们所有的不开心，快乐而又自由；透过贝壳的纹理、形状，听着贝壳的历史，我仿佛看到了海洋的故事；站在楼顶，感受一次又一次海风拂过脸颊，我想这就是"海"。那个暑假的研学让我重新认识了海，亲身感受到了海，那是我一生难忘的宝贵经历。也许是听到了海洋的呼唤，也许是我想再一次去看海，去感受，也许……总之我来到了天津求学。天津是一个沿海城市，也是一个包容的、欢乐的城市，我再一次去了海边，目睹了"海阔凭鱼跃，天高任鸟飞"的场景，浪漫而又盛大；我去了国家海洋博物馆，更深入地了解了海洋，海洋是人类最早开始的地方。后来我遇到了一位大学老师，很巧，他的研究领域是模式识别、智能运维、数字船舶等，他帮助了我很多，他告诉我生活也是学习，做人要真诚，积极进取，勇敢向前。在这位老师身上我感受到了海洋般的包容与温暖，我期待着下一次与"海洋"的相遇。

而这一次我很激动，没想到这么快迎来了再次与"海洋"握手的机会，很有幸能认识蔡梅江教授，很激动能和他交流，并讨论关于海洋的问题，包括海洋科技、海洋发展、海洋保护等。蔡梅江教授——这位从水手成长为船长、中远巴拿马公司总经理以及极地航行开拓者的科学家，用了 40 年时间将"甲板是书房，海洋是导师"的誓言刻入生命。蔡教授主导中国商船首航北极东北航道并获中国航海学会科技进步特等奖，不仅推动了中远集团的国际化进程，更以"船舶物联网""冰区航行技术"等创新成果，为中国在全球海洋治理中赢得话语权，他的实践推动了中国航运业从传统管理向智能化、国际化转型。在全球气候变化与地缘政治博弈加剧的今天，他的经历恰似一部中国航运崛起的诗歌，而他对"海洋思维"的呐喊，更成为青年一代投身海洋事业的精神灯塔。

蔡教授的经历让我共鸣，他从"油墨刻字学英语"的艰苦岁月走来，在惊涛骇浪中锤炼出"超前预判"的航海智慧，又在巴拿马运河外交与北极航线开拓中展现战略视野。更令我钦佩的是，他主导的"中国商船开辟极地航线关键技术研究"荣获中国航海学会科技进步特等奖，其团队研发的"船舶物联网应用示范项目"已成为全球航运业智能化转型的标杆。这种从实践到创新的跨越，正是我们青年一代需要传承的精神火种。蔡教授跟我说关于他如何走向"海洋"这个方向是出于偶然，但我想不仅仅是偶然，更有他肯吃苦的精神，不断坚持的毅力以及更重要的"善于抓住机会，善于运用机会并不断发展自己"的勇气，这才是成就如今的他的关键。

蔡教授用"星链、人工智能、自主驾驶"三个关键词勾勒了海洋未来的轮廓，更以"改变思维"的呐喊直击中国海洋发展的痛点。当被问及"最想解决的海洋痛点"时，他直言："我希望让决策层真正理解海洋思维的重要性！"这让我深思：在船舶物联网、深海探测等技术突飞猛进的今天，我们或许更需要一场"思想破冰"—— 从禁止游艇夜航的保守到拥抱蓝色经济的开放，从依赖国外数据的被动到主导极地科考的主动。值得期待的是，蔡教授正以"向阳红 10"号环球科考为契机，推动"科学—商业—公益"三位一体模式，计划 2025 年 7 月从深圳起航，历时 9 个月完成 3 万海里航程，覆盖南极长城站、马达加斯加海岭等关键区域。这场跨越三大洋的航行，不仅是对中国航海实力的检阅，更是青年一代践行"海洋命运共同体"理念的生动课堂。

　　海洋与社会发展究竟有什么关系？海洋科技创新与未来趋势是什么？科技在海洋领域有什么应用？"海洋十年"倡议对我国海洋经济发展会带来哪些新机遇和新挑战？海洋的发展真的不利于环境的保护吗？生存与环境保护有什么关系？青年一代又当如何发展？让我们一起来听一听。

有斯之声记者：李婧源

　　李婧源，天津理工大学物联网工程专业大二学生，共青团员。成绩优异，GPA 4.0/5，专业排名第二。获得国家励志奖学金以及校级人民奖学金一等奖、"全国最美孝心少年"、河南省"新时代好少年"等荣誉称号。兴趣爱好比较广泛，喜欢绘画与读书。在大学生活中积极参加各种志愿活动，志愿时长已达148小时。

破冰前行：
蔡梅江的航海人生与极地使命

📎 李婧源： 蔡教授，您好！我是天津理工大学大二的学生李婧源，我一直都对海洋很感兴趣。这一次能有机会和您交流，我感到特别的激动。您深耕船舶管理等领域，在极地航行、风险预判、船舶物联网等方面都取得了开创性的成果，不仅推动了中远集团的国际业务发展，更以学术成就和技术突破，为中国航行赢得世界话语权。我希望能够通过这次采访，深入了解您有关海洋的经验与见解，同时让更多像我这样的青年学子获得启发。您曾说"甲板是我的书房，海洋是终身的导师"，这种知行合一的探索精神深深触动着我。我很好奇，您在学生时代是如何确定自己的研究方向，并一步步走到今天的？

🎙 蔡梅江： 好的，感谢今天各位同学和老师，我们共同来探讨关于海洋的话题。我是 1978 年考上上海海运学院的，当时刚恢复高考第二年，16 岁的我连到海运学院具体学什么都不清楚，就觉得开船周游世界挺有意思。4 年后毕业分配到广州远洋运输公司（以下简称广州远洋），从甲板实习生一步步做到船长，在海上干了整整 15 年。

1997 年集团派我们去北京大学学习 MBA 课程，第二年结业后，我被外派到巴拿马担任中远集团驻巴拿马运河首席代表，这一驻就是 9 年。当时正值巴拿马运河回归和跨世纪计算机问题，我们团队既要推动中巴关系恢复，又要参与运河规则修订。2007 年回国后辗转多地工作，直到 2022 年退休。

2012 年原中远集团魏家福总裁随团访问冰岛时，与正在冰岛访问的"雪龙"号的王建忠船长通了电话，邀请王船长回国后来中远集团做学术报告。2012 年 10 月，中远集团成立专项小组，负责推进商船开辟北极东北航道。2013 年"永盛轮"

成功首航北极东北航道，这是中国商船首次穿越该航线，后来还拿了航海科技特等奖。之后 7 年我们实现了北极航线夏季常态化运营，每年保持 10 艘航次。

这段经历让我从航海转向极地研究，逐渐成为海洋领域专家。2015 年起，我陆续担任科技部多个评审专家，也算偶然进入海洋科技领域。回想起来，很多关键转折都是偶然机遇促成的，但持续深耕让这些偶然变成了专业积累。

李婧源：好的，谢谢。我刚才听您说您 1982 年从上海海运学院毕业之后，加入了广州远洋运输公司，从水手一步步成长为船长。那在这 15 年海上生涯当中，哪一次航行经历最让您深刻体会到"海员是全球经济关键工作者"的责任，可以给我们分享一下关于您危机时刻的决策故事吗？

蔡梅江：航海界有句话说得好："如果没有海洋运输，全球一半人要挨饿，一半人要受冻。"海运是贸易全球化的生命线，这个古老行业从大航海时代的荷兰、葡萄牙、西班牙、英国，到如今的集装箱化运输，一直在推动人类文明发展。

1996 年春节前的那次事故让我永生难忘。当时我在"临沧河"轮任船长，小年夜从连云港冒着寒潮开航去上海。由于 20 世纪 90 年代对集装箱船稳性研究不足，我们船在东南转向时突然右倾 35 度。我当机立断做了三件事：一是紧急降速让船首浮出水面，二是操控船舶向浅水区靠近，三是对全船水密处进行检查。检查后发现机舱误排 200 吨压载水导致重心不足。最终靠岸抛锚调整后脱险，但同期有两艘货轮在台湾海峡倾覆，28 人遇难。这次事故让我深刻体会到，船舶安全不仅靠技术，更需要船长的果断决策。船舶操作需要极强的计划性。

我们那代人英语教材都是老师刻蜡纸油印的，后来在船上用收录机跟读，和外籍船员交流练口语。船舶是流动的外交窗口，从港口代理到 PSC 检察官，从海关到移民局，打交道全靠沟通能力。老船上 45 人，现在 22 人，但没有凝聚力就会出乱子，这是很多血的教训换来的认知。

这些经历让我后来在北极航道开发中受益良多。冰区航行需要提前规划航线，掌握极地气象知识，还要促成国际合作。基层一线的锻炼确实能打下扎实基础，这也是我常鼓励年轻人去艰苦岗位历练的原因。

李婧源：您给我们分享了四种能力，将这些能力与您的实践经验结合起来奠定了您现在坚实的基础。您从水手到船长的 15 年航海生涯，用经验筑牢了航运安全，这份扎根一线的坚守为中国航运的国际化和可持续发展奠定了坚实的基础。那么在此后的 20 年航运革新中，您如何推动船舶物联网和极地航行等技术的创新？

蔡梅江： 我们这一代人是非常幸运的。1978 年上大学时，正值改革开放初期。1979 年"实践是检验真理的唯一标准"大讨论开启思想解放浪潮，我们既是亲历者，也是推动者和建设者。

刚上船工作时，国内航运业基础薄弱。以广州远洋为例，1961 年成立时靠 4 艘苏联客货船起家，如今已发展为全球最大的航运企业。我们总结出"贷款买船、滚动发展"的模式，通过人民币置换外汇贷款，实现船队规模从 4 艘到 300 ～ 400 艘的跨越。1985 年后集装箱运输普及，5000TEU 级集装箱船的出现使装卸效率提升数十倍。中国加入世界贸易组织后，航运需求呈爆发式增长，推动全船型布局发展。全球十大港口中有 7 个在中国，中国远洋海运集团拥有 1200 艘船舶，稳居行业首位。

早期船舶定位依赖雷达、罗兰定位系统和天文观测，GPS 的应用彻底改变了航海方式。2011 年我调任北京后推动船舶物联网建设，实现船岸视频实时监控，如今已成为行业标配。北斗导航与星链技术的融合，正催生智能船舶与自主航行技术的突破。2013 年中国商船首航北极航线，带动极地航行技术发展。针对冰载荷研究不足的问题，国内高校团队研发出冰力学模拟公式，应用于船舶设计。同时，北极冰情、气象预报实现业务化运行，冰区导航仪与操纵模拟器的开发，推动船联网与卫星通信技术的深度融合。

李婧源： 谢谢。那对于普通大众或者是对海洋感兴趣的学生，您觉得了解海洋最直观有效的方式有哪些？如果您推荐一本书或一项体验您会选择什么呢？

蔡梅江： 我觉得学生首先可以从书本上了解海洋生物、海洋气象，其次可以到海洋馆去体验，因为海洋馆里面有很多生物，你能实实在在地感受到，再次我觉得可以参加海洋研学、海洋文旅和上船，我们公司也在提供这方面的服务，也就是你从书本到海洋馆，再走向附近的沿海、近海和远海的海岛进行海洋研学。如果要再深入的话，你就要参加深海基地的科学考察，跟科学家一起做实验，这些都是一些体验。

我个人认为，作为学生，特别是学海洋领域的，能够参加一次环球科考那是独一无二的经历。今年我们要搞一次开放性的环球科考，对全球开放。准备于 6 月 8 号在上海进行新闻发布，可能 8 月就从深圳起航，当然，当前国外已开发出载人深潜器用于海洋探索，但参与深海科研仍需结合专业需求。对于普通大众而言，建议遵循"书本知识—海洋馆体验—近海研学—极地科考"的认知路径。以2025 年北极科考为例，这种系统性实践能显著提升海洋认知深度。

李婧源： 刚才您说实实在在地深入感受海洋是非常重要的，我觉得这句话很对，我非常有触动，现在我就非常憧憬了。那以您的经验来说，海洋对人类社会的发展又有哪些不可替代的作用？

蔡梅江： 我们看看历史，向历史学习。凡是曾经的世界大国，都是从海洋里走出来的。从欧洲来讲，荷兰、葡萄牙、西班牙、英国这些海洋大国，都有海洋思维。我们国家历史上是个农业国，曾有过辉煌，但明朝以后逐渐在海洋上落后了。地球表面 71% 是海洋，海洋蕴藏着丰富的生物、资源和能源。随着人口增长，陆地上的有限资源已难以满足需求，走向海洋成为人类必然的选择。

我国正从农业大国向工业强国、贸易大国转型，必须重视海洋资源的开发。我觉得海洋对于人类，对于我们国家的发展是不可替代的，它的作用不言而喻。同时，我们不能仅仅是喊口号，更要推动海洋的科技发展，包括科学、装备、资源等等，要持续不断地提升我们这方面的话语权。

李婧源： 在您看来，海洋生态系统的独特性主要体现在哪些方面，它又是如何影响全球气候和生态平衡的？未来又有哪些技术能够突破，帮助人类更好地理解和保护海洋？

蔡梅江： 我呢，不是研究海洋的，但通过航海有些感受，我认为海洋有几个特点：第一，所有大洋都是相通的，大洋环流的机理非常复杂，我们研究海洋首先要研究大洋环流系统；第二，海洋的水和空气存在不同介质的物质交换系统，这种交换严重影响整个地球的气候系统。比如，我们常说南极是陆地，北极是海洋，所以海洋是阴阳的，磁极分布也是一阴一阳。还有南极有咆哮西风带，自西向东一直在咆哮；北极也有，但北极的形态变化了，因为南极中间是陆地，四周是海洋，它的咆哮西风带绕极地的气旋形成了一个链条。北极中间是海洋，周边是陆地，虽然没有形成类似的气旋链，但形成了欧洲的低压、高压等。比如西伯利亚每年侵入我国的寒潮，又比如为什么欧洲冬天不冷，因为从格陵兰过来的气旋，遇到来自大西洋的暖流，就升温了，形成了一个低压，所以它一路过来，整个温度、湿度都跟上了，使欧洲的冬季不冷。地中海甚至到了红海，再往东到东西伯利亚形成冷高压，这股冷空气南下影响中国冬季气候。美国西岸因太平洋暖流，像温哥华这样的高纬度城市冬季依然温暖；而美国东岸每年的冰雪天气，则主要受北极冷高压影响。我认为这些气候现象，正是海

洋与大气环流系统相互作用的客观体现。但是，这一系统会受海洋和地貌影响而发生变化，所以研究海洋要做到三点：第一，用系统性思维分析；第二，结合区域地貌特征；第三，更需要从历史演变的视角切入研究，深入探讨其发展规律。当然也不能拍脑袋做判断，得从实际现象出发。比如，研究环流，太平洋暖流到底是怎么走的？就像日本核污水里的金枪鱼什么时候会到中国？整个洋流是自西向东的，先跟着黑潮到加拿大，进入北极和阿拉斯加，再到美国东岸，然后绕一圈回来可能要 11 年。通过研究这些流向，能帮我们提前了解情况。还有两极的冰川融化，加上洋流和气旋这三个因素怎么相互影响，这些都需要实地去观察研究。

🎤 **李婧源：** 如果我现在给您一个魔法按钮，您最想解决海洋世界的哪项痛点？

🎙 **蔡梅江：** 从世界角度看，各国都强调海洋的重要性，我国也提出相关战略，但实际执行中仍存在"重陆轻海"现象。我建议通过系统性政策引导，将海洋开发纳入国家发展核心规划，使海洋真正成为未来的经济增长点。

🎤 **李婧源：** 您是想让更多的人更加注意海洋并走向海洋。我是学物联网工程专业的。我注意到，您曾主导中国远洋船舶海上物联网应用示范项目。那您是否能用 3 个关键词来概括一下物联网未来会给海洋带来哪些变革？

🎙 **蔡梅江：** 陆地上，比如，汽车跟汽车之间的互联，信息都是相通的。车放在哪儿、经过哪个闸口，通过 ETC 就能实现车车互联，所以陆上车联网没问题。海上通信条件有限，沿岸主要靠 AIS 系统，现在 AIS 准备升级到 VDS。相比 30 海里的通信范围，VDS 系统的通信范围可达 50 ～ 80 海里，VDS 不仅接收信号，还可以发射信号。

由于星链的出现，像日本、韩国等航运大国认为没有必要再搞 VDS，直接用星链。我国也会搭建自己的星链，但如果在其他海域用国外星链怎么办？所以我认为我们的船联网仍需继续搭建，形成自己独特的体系，完全用国外星链存在安全风险，船联网是重要的基础性工作。船联网就是船跟船相互链接，把所有船舶移动点变成发射节点。在"一带一路"航道密集区，船跟船直接连起来传递信号。同时，要注重星链与船链结合，尤其是在大洋区域，普通信号覆盖不了，星链通信很重要。自主星链和国外星链如何合作？这个问题需要深入研究。船联网和星链发展成熟后，船舶自主驾驶可能会有质的飞跃。现在远洋航行基本是自动驾驶，但沿海实现自动驾驶还需要更好的通信条件。船船互联是解决自主航行信息交互的前提。船舶能源动力变革、通信技术升级、船体智能化改造会对行业形态产生重大影响。总结未来关键词：星链、人工智能、自主驾驶。

🎤 **李婧源：** 那物联网这项技术在海洋生态保护中拥有哪些创新的场景？

🗣 **蔡梅江：** 我个人认为有了物联网，在生态保护方面，第一，至少可以通过物联网监控船舶位置，对特定水域的水质和环境进行实时监测。船舶之间的通信不仅能实现信息交互，还能形成动态监测网络。第二，相互之间的监控。我认为还需要对船舶与海洋接触面进行动态监控，实时获取航行水域的水质成分和环境数据。物联网不应局限于船舶间通信，而应更多地将船舶与周边环境关联起来，这样才能更好地实现海洋生态保护。第三，水下应用，科考时投放了很多传感器，有的是孤立的，有的成串布置。如果船联网能实现船舶间通信，当船经过特定海域时，水下传感器就能与船舶建立连接，我觉得这是个很好的应用场景。未来所谓的"潜链"——水下传感器和移动无人潜航器会大量部署，在不同海域持续巡逻观测。中国船联网完全可以收集这些数据并汇总到岸基。

🎤 **李婧源：** 您刚才提到未来航运业的变革，有一个关键词是人工智能。那在AI技术加速渗透的今天，您认为海洋科学家的不可替代性将体现在哪些方面？人类与智能系统在探索海洋时应建立怎样的协作关系？

🗣 **蔡梅江：** 我觉得所谓的人工智能是人创造的一个大模型，虽然有学习能力，但其是建立在人的知识库基础上的。建模型的数据链来自人类已有经验，而不是凭空想象出来的。当然，（人工智能）也有可能拥有自我学习、自我推断的逻辑能力。但是我们如果特别相信它，而没有人去检验，你怎么确定检验的、推断的结果是正确的？所以我觉得首先建模型要有大量的数据链，需要科学家去现场科考并计算，一些新的推断、新的预测或者新的成果也需要科学家到现场去进行检验。

当然了，不能说人工智能的发展就一定比人慢。例如，我们要写一篇文章，可以先让人工智能写，你百分之百照抄就意义不大了，我们一定要根据需要来进行逐字逐句的修改，这样才能形成我们自己的东西，但是你不可以说人工智能就没有必要了，我觉得也有必要，所以在未来的海洋探索当中，可以通过人工智能来进行一些探索，同时也需要科学家到现场检验，在检验的过程中发现它的正确性，也找到它的局限性，甚至负面性。我们应该科学地、合理地、协调地来利用这个认知。

🎙李婧源： 结合您的专业领域，您认为"海洋十年"这个倡议会对我国海洋经济发展带来哪些新的机遇和挑战？中国在全球海洋治理中的角色是否会发生变化？

🗣蔡梅江： 我认为海洋事业的创新对助力中国与国际海洋接轨起到了很好的推动作用。通过联合国"海洋十年"行动，我国科学家、教育界和海洋行业已逐步与国际接轨。特别是船舶制造、新船型开发、新航线探索和新技术应用（如LNG动力）方面进步显著。在海洋科考领域，我国在两极建立科考基地，积极参与"一带一路"、金砖国家、G20等国际合作项目，响应联合国"海洋十年"倡议，这些实践非常有意义。中国作为大国不能仅满足于跟随，必须在未来十年引领海洋发展。尽管近代工业技术多源自西方，但在"海洋十年"背景下，中国完全有能力实现海洋科技原创突破。从行业、科考和极地建设角度看，我们有必要扮演更重要的角色。

目前我国在南极拥有 5 个科考站，长期参与《南极条约》执行和环境保护研究；北极科考已开展 12 次，但气象和冰情预报仍依赖国外数据。作为非北极国家如何突破？我认为可以借鉴中国空间站的发展路径。既然能在太空领域与先进国家并驾齐驱，为何不能在北极冰盖极点建立冰面空间站？我们可通过开展国际合作，在北极建立联合科考站，推动开放航次共享模式，吸引全球参与中国科考船行动和极地冰面研究。这种创新思维能打破"传统北极国家"概念的局限，让中国在冰情研究、气候变化监测和生态保护中发挥主导作用。

🎙李婧源： 创新是很重要的。有人认为"海洋开发必然会导致生态破坏"，在极地航运中，你们是如何平衡经济与生态的？行业内又采取了哪些绿色航运措施？

🗣蔡梅江： 我觉得全球海洋和航运行业发展与环境保护并不矛盾。人类首先需要生存。在生存的同时，我们也要注重环境保护，这才是人类发展的宗旨，而不是为了保护环境把人类消灭掉。航运的排放在全球温室气体的排放中占有很大的比例，这个是现实，所以我们通过多种方式改变石化燃料的使用，第一步是在过渡阶段使用 LNG，然后逐步推广甲醇、氢、电等能源，甚至考虑核能。未来是否可以探索新的能源形式？刚才讲到集装箱运输大幅提升了效率并减少浪费，在此基础上能否更进一步优化甚至创新？我们提出了"Container Block"概念——将 100 个甚至 1000 个集装箱模块化，未来船舶实现模块化建造。远洋运输使用核能动力的模块化大船，沿岸港口仍采用子母船模式：远洋模块抵达后下沉进港，装卸完毕再由母船提升运输。

我认为航运行业发展未必会破坏环境，通过优化能源动力和运营模式，北极航运同样可行。若所有船舶加装冰级设备，全球数万条船涌入北极确实会造成生态压力。事实上，现在除了俄罗斯，其他国家包括中国、韩国、日本，进入北极航线的船还是寥寥无几，一年也不过就十条。现有北极航线并未改变全球海运格局，那么如何在保护环境的同时提升海运效率？我们提出"北极钟摆航线"的概念——北极船舶仅在北极区域内运营，与外部水域切割。因为冰区航行船舶进入开放水域后效率下降，若同时兼顾北极与外部航线，反而会导致效率大幅降低。我认为这种模式造成的浪费是巨大的，因此需要建立"北极新干线"或"北极钟摆航线"等新型航运形态。什么意思呢？就是说我们要在两港建立中转港，让北极船舶与现有船舶进行中转。这样北极船舶始终航行在内陆水域，使用核能或零排放动力，而现有系统在外围继续发挥作用。我觉得这可能是未来的形态。每年夏季航行时，我们严格遵循特定航行规则，所有垃圾不下海、污水零排放，使用清洁能源，且目前旅游规模较小，尚未形成显著影响。我认为北极冰面的碳污染主要来自航空——洲际航线全部通过北极上空，导致北极鱼类体内检测出塑料微粒。这与海洋环流有关，但航海目前因规模有限，尚未对北极造成巨大影响。当然，我认为未来会有更好的设计形态，既能服务人类，又能保护好环境。

🎤 **李婧源：**我们国家是一个包容的大国，通常都会借鉴其他国家的想法，取其精华去其糟粕，在海洋资源开发中有哪些国际合作的成功案例可以借鉴？您认为哪些国家或机构的经验值得我们参考？

🎙 **蔡梅江：**我觉得首先是风电、海上的开采、国际的深海挖矿等，这些都是从国外学来的。比如风电，现在从北到南已经发展得非常好了，而且从近海再到沿海再到深海，这个也是学来的。其次是海洋牧场。海洋牧场最早的养鱼技术借鉴于智利和挪威，现在从南到北的海洋牧场建得有声有色。还有水上深海海上油井钻探等。现在国际合作中比较成功的是我们跟中东的国家，如与沙特、阿联酋等。

中俄、北极亚马尔合作也非常重要，特别是中俄北极资源能源的开发合作。比如说我们30万吨的邮轮，2万ETU的集装箱船，这种国际合作都是难能可贵的。我们为了学会建造30万吨的邮轮，先成立了一家跟日本合资的公司。所有的船，先用欧洲的DNV、ABS 或劳氏的技术，然后是我们的CCS，在合作中学习，在学习中创新和引领。

🎤 **李婧源：**作为一名大学生，我想问一下您对于有志投身于海洋事业的青少年在大学期间有什么具体的学习路径和职业发展建议，我们又该如何规划自己的学业和实践活动？

🗣 **蔡梅江：**我认为人生来并非为了学习而学习，而是为了生活本身。但生活的意义在于创造美好未来，所以学习只是实现目标的手段。选择海洋领域、AI领域或其他行业，可能是主动选择也可能是环境使然。但关键在于一旦选定行业就要坚持 —— 频繁跳槽转行终将一事无成。我在航运领域坚守了 40 年，虽岗位变动但始终不离海洋。若选择海洋作为职业生涯，首先要打好专业基础。其次要坚持长期投入。从书本知识到岗位实践都需持续深耕，不坚持则前功尽弃。当然也可跨界，但在校期间不能死读书，要多思考、多提问、多实践。进入职场后需持续深耕，同时善于思考与总结。

当成为领域负责人时，如何推动突破？我认为要培养团队管理能力：发挥每个人的特长，捕捉突发灵感与发散思维。不要轻易否决想法，而应在实践中验证。从具体事务到管理岗位，企业常说"管事、管人、管思想"。管理规模扩大后，仅靠管人已不足，必须管理思想。正如"思想决定一切"，突破需要创新性思维和管理哲学。不同阶段掌握不同技能：初级阶段夯实基础，项目阶段积累经验，高级阶段提升战略思维。

几十年后回望每个阶段的成绩都是对职业理想的最好诠释。我自己在海上打基础，到巴拿马开展工作，再到国内领导岗位，最后将管理思维应用于极地和深海项目。每个领域思想都是相通的，但没有基础空谈创新毫无意义。若没有上船经历，就无法在巴拿马与当地政府、运河公司、航运界打交道时游刃有余，也不会担任多个社团职务。每个阶段的积累都至关重要，但不能沾沾自喜。在集团领导管理 500 条船的 20 人部门时，必须革新安全管理理念：建立安全管理体系、创新安全管理方法。通过这些思考形成的思想被行业接受，才能成为领域翘楚。

🎤 **李婧源：**好，谢谢。您对我国在全球海洋治理中扮演的角色有怎样的期待？青年一代在其中如何发挥作用，助力我国提升海洋话语权？

🗣 **蔡梅江：**海洋是人类的未来。年青一代将承担起海洋治理的重任，培养他们的目标感、理想信念、专业能力和担当精神迫在眉睫。当前我国海洋基础研究投入仍显不足，存在一定功利主义倾向。我们在产业化方面成果显著，但需平衡好拿来主义与自主创新的关系，尤其要加强基础研究人才培养——既需要产业化人才、专业技术人才，更需要管理人才和基础研究人才。

可喜的是，国家近年已着手改善人才培养体系。过去我们过度依赖英文学习却缺乏语言环境，在国际组织参与度上落后于菲律宾、印度等国家。如今通过多维度培养，提升了人才在国际舞台的竞争力。以广州远洋为例，1961 年成立时靠 4 艘苏联客货船起家，后来分拆为"广大上青天"（广州、大连、上海、青岛、天津）。尽管如今位列全球第一，但也曾走过弯路。1993 年专业化重组时，广州远洋仅保留特种船和杂货船，面临"人往何处去，钱从何处来"的生存危机。上级领导"只有航运才能救广远，在特字上下功夫"的方针挽救了企业 —— 聚焦特种船打造主业，通过差异化竞争成为全球最大特种船营运公司，印证了"行业根基不动摇、差异化竞争力是王道"的发展逻辑。

关于提升国际化水平，我认为需做好三件事：首先是人才建设，没有专业团队何谈行业引领？其次是标志性项目，如计划每年举办环球科考航次。作为民营企业主导此类项目需要巨大魄力 —— 单次成本近 5000 万元，尽管有企业分担，但连续亏损难以为继。最后是国家层面支持，将此类项目作为培养人才的平台，既能带动"一带一路"共建国家参与海洋科考，也是提升话语权的关键载体。提升话语权要靠真抓实干：持续培养国际化人才，坚持投入标志性项目，用成果赢得尊重。这需要我们既有战略定力，也要有创新思维，在基础研究与产业化之间找到平衡点。年青一代的成长，将决定中国在全球海洋治理中的角色定位。

🎤 **李婧源**：最后一个问题，展望未来 20 年，您认为海洋事业会发生哪些重大变革，这些变革又将如何影响人类与海洋的关系？

🎙 **蔡梅江**：刚才也说了，人类走向海洋是必然的。但是我觉得首先变革是行业的变革。我刚才讲了行业变革的几个维度：装卸模式创新、运作方式转型、航线设计重构。随着北极航线开通，这些变革将重塑全球航运格局。其次是人类从近岸走向深海的必然进程。开发海洋资源的时代已迫在眉睫，三到五年内将产生重大影响。最后是全球对海洋、气候变化、生物多样性及极地治理的关注呈不可逆趋势，将有更多国家参与海洋事务。我们当前推动的行业变革（资源开发、海洋治理）具有重要意义 —— 过去数百年海洋话语权由西方主导，未来百年我们需构建东方话语体系，让世界接受中华民族对海洋文明的独特贡献。这将是未来发展的重要方向。

🎤 **李婧源**：谢谢教授，今天听您说了这么多话，我深有感悟，非常感谢您抽出宝贵的时间！谢谢。谢谢大家！

范广益

青岛华大基因研究院院长，研究员。自 2010 年 7 月加入深圳华大生命科学研究院以来，一直致力于比较基因组学和生物信息学领域的研究，主导发起"万种鱼类基因组学""万种软体动物基因组学"和"全球海洋微生物基因组学"等基因组研究计划，推动了相关领域的研究进展。主编并发布了年度海洋生物基因组学研究进展报告《海洋生物基因组学白皮书》。截止到 2024 年年底，在 *Nature*、*Science*、*Cell* 等国际知名学术刊物上共发表科学论文 140 余篇。担任国际知名学术杂志审稿人，积极参与学术交流与合作。获国家自然科学基金面上项目、国家重点研发计划等资助，累计主持/参加国家省市基金项目 10 余项。受邀成为中国海洋发展研究会海洋生物技术分会执行主任、中国海洋工程咨询协会深海技术与工程分会委员。

你心中的海洋是什么样的？是一望无际的蔚蓝波涛，还是涨潮时那奔涌而至的呼啸声？是电影《海王》里神秘的水下王国，还是《海底两万里》中沉船与巨兽的幻想冒险？

对我们两位有斯之声记者来说，海洋的模样各不相同。一位身在北京，记得小时候在北戴河的海滩上捡贝壳；一位远在温哥华，曾在海洋馆中看海豚旋转跃起，水花四溅。海洋在我们眼中既浪漫又神秘——它是日出从水天交界处升起的惊艳瞬间，也是马里亚纳海沟深处的幽暗与未知。

但人类对这片广袤"蓝色星球"的了解，却远不如对月球的熟悉。为了探寻海洋的奥秘，我们有幸连线采访了青岛华大基因研究院（以下简称华大）院长、国家基因库海洋负责人——范广益教授，一位在基因与深海之间架起桥梁的"蓝色密码解码者"。

范教授的经历令人钦佩：他本是医学院出身，却在"命运的随机分组"中意外进入海洋基因组研究领域。从最初研究植物，到如今带领团队奔赴马里亚纳海沟、南极和深远洋海域采集样本，他亲身参与、见证着人类对海洋微生物的突破性探索。

"海洋微生物的种类，可能高达 10 的 30 次方，而我们目前研究的，还不到 10 万种。"范老师一边说着，一边像帮我们拨开了海底迷雾。他讲起南极磷虾如何在食物匮乏的冬季"逆生长"自保，讲起深海热液喷口 300℃ 高温下仍能繁衍的化能微生物，还讲到科研中的"90% 是痛苦，10% 是登顶的喜悦"。那一刻，我们不再只是倾听者，而仿佛成了即将起航的探海者。

采访最后，他送给我们的话如同海面上的一只漂流瓶，藏着一封写给未来的信。或许，有一天，我们也会如他一样，潜入深蓝，为人类找寻另一种可能。

这次跨越时差和时空的线上采访，不仅拉近了我们与科学家的距离，更点燃了我们心中那团关于海洋的火焰。我们相信，真正的探索，不止于脚步，更始于热爱。

有斯之声记者：宋沫知

生于北京，幼年移居加拿大温哥华，现为七年级学生。自幼痴迷自然科学，尤以海洋科学为探索方向，课余研读海洋生物学专著，参与海岸生态考察活动，常以"小科学家的眼睛"记录潮间带生物多样性，立志以跨文化视角推动海洋环境保护与深海奥秘探索。

有斯之声记者：刘默涵

刘默涵，今年 14 岁，热爱生活，始终以乐观之心拥抱挑战，愿在逐梦路上用热情与坚持绽放属于自己的光彩。

从基因到深渊：范广益对海洋
科学未来的思考与实践

🎙️ **刘默涵：** 请问全球海洋污染监测技术存在哪些根本性的短板？

🔊 **范广益：** 这是一个很大的问题，污染的来源有很多种，一种是人为的污染，如正常的渔业捕捞，特别是在以前，渔业作业所用的网比较大，当进行海底捕捞的时候，一旦碰到山体或者石头，那个网就拖不动了，只能直接剪断留在海底，这就是海底塑料的来源之一。另外一种是大型油轮泄露带来的污染。还有一种污染是近海的污染，这种污染就更多了，例如，生活污水的排放、塑料瓶的随意丢弃。

现在监测的方法大部分是理化的方法，这种监测方法是通过物理、化学的方式来监测污染物。但是还有以微生物为指标的生物学监测方法。比如，我生活的青岛就有浒苔，而厦门有发荧光的藻类，这些都是微生物藻类，还有一些我们看不见的细菌、真菌。当有害生物出现了之后，我们通过基因组学去检测，就可以检测到这些微生物的附近海域有没有被污染，或者整个生态系统有没有被污染，所以从生物的角度来说也是行得通的。

其实要说治理的话，相对没有很好的治理方式。比如，青岛的浒苔，更多还是以物理的手段用船去捞。每年夏天，都要花费大量的人力和物力去捕捞浒苔。因为浒苔一旦出现就会把整个海域的氧气耗尽，然后再释放一些有害的物质。这些有害物质会把海底的动物和植物都毒死，所以它是一个很大的生态污染。

🎙️ **宋沫知：** 在您的职业生涯中是否有过一个决定性的时刻，让您下定决心从事海洋科学研究？

🔊 **范广益：** 我本科是在医科大学就读的，毕业之后我就加入了华大。为什么我会选择报考医科大学，是因为我父亲的身体不太好，我当时就想如果我去读医科大学，就可以攻克一些人类的疾病。当我毕业后去华大求职时，面试官问我想进哪个组，我说我想进肿瘤研究小组。结果不巧的是，我没有被分到肿瘤研究那个小组，而去做了动物和植物研究，我最开始是做植物研究的。从2010年到2017年元旦，我都是在深圳工作。2016年底，华大开始在青岛建立研究院。我们知道青岛做全国以及全球海洋生物研究比较有名，如中国科学院海洋所、现在的崂山实验室也就是国家海洋实验室以及中国海洋大学都在青岛，所以我们就落地青岛做海洋生物研究了。我到青岛华大后，才真正进入海洋科学、海洋基因组的研究中。但是当我进入这个领域后，我才发现海洋生物是非常丰富的，研究起来也比陆地生物有趣得多。

所以我从事海洋生物基因组学的研究，其实也是机缘巧合，并不是我一开始就有这个想法。

🎤 **刘默涵：** 陆海统筹治理机制在政策执行中面临哪些核心障碍？

🔊 **范广益：** 这类政策更多是由政府部门主导制定的。我们科研人员的职责主要集中在技术研发和应用研究层面，所取得的科研成果可以为政策制定提供理论支持和科学依据。

举一个具体例子：大家熟知的青岛浒苔问题，长期以来就涉及政策执行和责任划分的争议。青岛市政府认为，这些浒苔是从江苏海域漂过来的，原因是江苏沿海有大量养殖紫菜的作业活动，收割时容易遗留大量浒苔的孢子，最终随洋流漂至青岛。而江苏方面则坚持认为，这些浒苔并非来自本地，而是青岛海域自发生长的。

面对这种"各执一词"的情况，最需要的就是通过科学研究提供客观证据。比如，我们可以通过基因组学方法，比对青岛海域和江苏海域的浒苔样本，分析它们的基因相似度。如果两地浒苔基因高度相似，说明确实存在从江苏漂移至青岛的可能。

此外，还可以借助遥感和卫星监测技术，从宏观尺度观察浒苔的扩散路径。通过图像分析，能够判断是否是在江苏海域先出现，再逐渐向北漂移至青岛。

但需要强调的是，科学家只能提供数据和技术支持，无法直接制定政策。我们没有制定政策的权限，但我们的研究成果能够为政府决策者提供科学依据，帮助其制定更加合理、精准的治理方案。

🎤 **宋沫知：** 在科研过程中，您是否遇到过特别兴奋或特别具有挑战性的时刻，可以分享一次您觉得"科学研究的意义"被完美体现的经历吗？

范广益： 我认为不论做什么事，首先要心存热爱。在整个科研过程中，我们会遇到很多具有挑战性的事件，每一个项目都是很有挑战性的。如果某一个科学研究没有挑战性，那它就没有太大的研究意义。当你承担一个重大项目时，它一般都是很具挑战性的。

而在整个执行过程中，90% 的阶段都是比较纠结、痛苦的。就像爬山一样，我不知道你有没有爬过很高的山，在爬山的过程中，其实是很痛苦的，有 90% 的时间都是处于爬升阶段。在这个过程中，可能会遇到一些休息平台，这个平台就相当于科研中解决了一个小问题，这个时候我就会有一定的成就感。但是继续爬的时候，又会觉得难受和喘不过气来，腿也疼。所以，整个过程中 90% 的时间都是处在一个爬升的过程，真正只有 10% 的时间是在享受克服困难的喜悦。所以说从事一些前沿的科学研究，基本上 90% 的时间都是在克服挑战。

如果要举一个实际的例子来说明科学研究的挑战与意义，我想分享一段在深渊科研中的亲身经历。

在科学界，最具影响力的研究成果通常会发表在国际顶尖学术期刊上，如 *Nature*、*Science* 和 *Cell*。这些期刊被公认为是全球最权威的科学出版平台。一旦研究成果被这些期刊收录，就意味着它们能够迅速引起全球学术界的关注，也会对整个科研领域产生深远影响。

我们团队最近主导的一项深渊科学研究，也正是得到了全球的广泛关注。这项研究是以"奋斗者"号深潜器为平台，前往世界最深的海洋区域——马里亚纳海沟进行科学考察。在那里，我们成功采集了 1000 多份深渊样本，随后围绕这些珍贵样本开展了系统的生物研究。

在研究过程中，我们将一篇重要成果投稿至国际知名期刊。编辑部收到文章后，邀请了多位领域内的权威专家进行审稿。但很遗憾，初稿被认为尚不符合期刊的发表标准，遭到了拒稿。这对我们团队来说是一个不小的打击，大家一度感到非常沮丧，因为大量的努力似乎没有得到认可。

不过，科学研究的过程本就充满挑战。面对拒稿意见，我们没有气馁，而是认真分析评审意见，进一步补充实验数据，完善论证逻辑，持续数月进行深入分析。当我们再次将修改后的稿件提交时，得到了审稿人和编辑的认可，文章最终成功发表。

现在回想起来，那份文章最终发表时的喜悦是短暂的，但支撑我们一路走来的，是科研过程中那一段段充满挑战、不断追求突破的经历。正是这些经历，构成了科研人生中最宝贵也最有意义的部分。

🎤**刘默涵：**管辖外海域生物多样性保护存在哪些技术空白？

🗣**范广益：**你刚才提到的问题其实非常宏观，也非常具有前瞻性。当前，国际社会正积极推进一项被称为"BBNJ 协定"（《国家管辖范围以外区域海洋生物多样性协定》）的全球性条约。虽然目前中国等国家积极参与其中，但美国尚未加入。不过，这项协定一旦正式生效，将对全球海洋资源的采集与共享产生深远影响。

"BBNJ 协定"的核心目标，是在国家管辖范围以外的海域实现对海洋生物多样性资源的公平利用与保护。目前该协定虽尚未明确具体生效时间，但原定目标是在 2030 年前建立实施框架。一旦协定正式生效，所有成员国在这些"公海"区域采集的任何样本或生物资源，都必须进行登记、报备，并在后续使用前告知其他成员国。这将有效促进全球科研信息的共享，推动各国在海洋生物研究、生态保护和资源开发方面建立更加紧密的合作机制。

这背后的理念非常清晰：既然这些资源来自"管辖范围以外"的海域，就不属于任何一个国家，而是整个人类共同拥有的"地球村资源"。通过协定框架，每个国家都可以在透明、可追溯的机制下，共享彼此的研究成果，也能有效防止资源滥用，从而更好地实现全球海洋生态的保护与可持续利用。

如果从技术角度来看，目前不论是国家管辖内还是管辖外的海域，要想开展高水平的生物研究，核心还是看是否具备三个要素：一是有没有合适的船只，二是有没有先进的采样设备，三是有没有充足的科考经费支持。换句话说，真正的技术空白并不多，更多的挑战在于装备与能力是否达标，尤其是在深渊领域。

以马里亚纳海沟为例，这个全球最深的海域，目前全世界现役能实现万米级载人下潜的潜水器，只有中国的"奋斗者"号。其他国家如美国、俄罗斯、日本和法国，虽然历史上都曾拥有相关装备，但大多已退役，或无法达到当前的深潜需求。从这一点来看，中国在深海装备的自主研发和使用能力上，已经处于全球领先地位。

此外，还有一个令人振奋的计划，也体现了中国在深海技术上的创新追求。前不久，中国科学院南海海洋研究所提出要在深海建立类似"海底空间站"的科研设施。这一构想类似于太空的国际空间站，科学家可以在水下工作站中长期驻留，进行原位科学研究。如果实现，将开创全球海底科研的先河。

最后，还有我们团队关注的一个关键突破方向——深渊原位测序。传统的研究方法通常是将样本从海底采集上来后再分析，但由于深海与地面环境存在巨大差异，这种搬运过程会改变样本的真实状态，影响数据的准确性。而原位测序设备则可以直接部署在深海，通过自主运行，实现现场基因检测与数据上传，不仅大大减少了生态扰动，也更贴近海底生物的真实生命状态。

这些技术与设想，不仅体现了中国在深海科研领域的持续攻坚精神，也为全球深海科学的发展带来了更多可能性。

🎤 **宋沫知：** 海洋微生物研究为什么如此重要，它对生态保护、生物医药和工业应用都有哪些关键价值？

🗣 **范广益：** 这个问题非常贴合我的研究背景。海洋微生物，其实和人体内的微生物一样，几乎无处不在。从我们熟知的陆地环境，到喜马拉雅山脉的珠穆朗玛峰，再到人类难以抵达的深海，它们几乎遍布于自然界的每一个角落。我们最近的一次科考，就在全球最深的马里亚纳海沟中采集了样本。哪怕在那样极端的环境下，也仍然存在大量多样的微生物。

海洋深处的环境复杂多变，不同环境中微生物的种群结构和功能各异。例如，在热液喷口区域——也可以理解为海底的"火山口"——那里喷口温度可高达300℃，并喷出大量含有硫化氢的气体，这是一种对人类有毒的化合物。然而，就是在这种极端环境中，依然生存着以硫化氢为能量来源的微生物，我们称之为"化能合成微生物"。类似的，在"冷泉"地带，大量甲烷从海底逸出，也能孕育出以甲烷为能量来源的微生物。这些都是极具科研价值的生命形式。

我们常说"一方水土养一方人"，其实也可以说"一方水土养一方微生物"。不同的海洋环境孕育着不同类型的微生物，它们具备不同的代谢路径和生态功能，也由此拥有各自独特的应用潜力。

比如，近年来我们团队就在研究如何利用某些微生物高效产甲烷。众所周知，甲烷是一种重要的清洁能源。过去在农村，人们会用沼气池收集家畜粪便发酵产生的甲烷，用作日常燃料。今天，如果我们能够在陆地或海洋中通过人工培养高效产甲烷的微生物，就有可能在不依赖传统天然气开采的前提下，发展出一条"绿色能源微生物工厂"的新路径。

另一个备受关注的研究方向，是微生物在塑料降解中的应用。我们生活中常见的矿泉水瓶多由PET塑料制成，目前主要的回收手段是物理破碎或化学转化。这些方法不仅成本高、效率低，还容易造成二次污染。而我们研究的一些特殊微生物，分泌出的天然生物酶可以在常温常压条件下降解PET塑料，将其转化为对环境无害的小分子。这种"生物酶法"不仅更加环保，还能有效降低碳排放，助力实现清洁工业转型。

此外，在生物医药领域，微生物的潜力同样巨大。大家熟知的抗生素、抗菌肽等，其最初都来自微生物。为什么微生物会制造这些物质？这是它们在自然界竞争生存的手段。举个例子，如果我是某种微生物，而你是另一种，当你试图"入侵"我的生存空间时，我就会分泌抗菌物质来对抗你，保护自己的"地盘"。这类抗菌物质经过科学提取和改造，就成为我们今天用于治疗感染的药物来源。因此，不同深海环境中的微生物，极有可能成为新型抗生素、新药研发的"天然宝库"。

综上所述，从能源开发到环境治理，再到新药研制，海洋微生物作为一个巨大的"基因资源库"，正不断为人类社会的发展提供新的可能性。我们对它的了解还只是冰山一角，未来还有广阔的空间值得深入探索。

🎙️**刘默涵**：如何通过新媒体平台建构沉浸式海洋科普场景？

🗣️**范广益**：说实话，我不知道你平时是通过什么平台了解生命科学进展的，如果感兴趣，我建议你可以关注一下"华大尹烨"这个公众号，或者"尹哥聊基因"这个账号。这里的"尹哥"，是华大集团的 CEO 尹烨，也是我非常敬佩的一位科普传播者。他致力于用浅显、有趣的方式讲述生命科学的前沿知识，尤其适合像你们这样的青少年。

和他相比，我平时更多时间花在科研本身，很少做专门的科普工作。并不是我不想做，而是我一讲起课题来就容易讲得太专业，结果讲着讲着，台下的小朋友就开始一脸蒙了。所以每次讲完我都会问一句："刚才大家听懂了吗？"其实，我特别羡慕尹哥那样的人，他能把非常"高深"的知识变得通俗易懂，而且非常有趣。

如果你感兴趣的话，可以找找尹哥写的书，叫《生命密码》，我觉得很值得看看。像你刚才提的问题其实就很棒，也正是我们在思考的：如何用新媒体帮助更多青少年了解生命科学，理解它的意义？

我读书的时候，经常听到一句话："21 世纪是生命科学的世纪。"那时候我们都觉得这句话有些夸张，甚至觉得是"鬼扯"。因为当时还有所谓"四大天坑专业"：生物、化学、环境、材料，而"生物"总是排在第一。

但你看，现在才过去二十几年，AI 就已经深度介入生命科学的研究，实现了很多重大突破。所以我真心觉得，未来几十年，生命科学的发展潜力是巨大的。

这也正是为什么我们特别需要新媒体，让更多人了解科学、热爱科学，并愿意投身其中。我相信，只要有更多像你这样的青少年开始关注生命科学，它一定会走得更远。

当然了，我也要提醒你们一点：新媒体虽然是获取信息的好方式，但同时也要学会科学地判断信息的真假。有时候，我爸妈也会给我转发一些"什么不能吃""喝什么有害健康"之类的文章，其实很多是所谓"民间科学"或误传的信息，他们并不一定有恶意，但确实对科学的理解存在偏差。

所以，我希望你们在浏览公众号、看视频时，也要保持一种科学的态度。科学的精神是什么？是质疑。对已有的观点提出问题，然后通过观察和实验去寻找答案。你要有自己的判断力，逐步形成自己的理解和认知。

这才是我们真正希望青少年具备的科学素养。

🎤 **宋沫知**：测序人工智能、大数据等技术快速发展，它们将如何改变海洋研究？

📖 **范广益**：我觉得小宋同学刚才的问题特别棒，能够把我前面提到的话题自然地延伸下去，如你提到了人工智能，那我就接着说一说这个方向。

现在我们常说的"大语言模型"（Large Language Model），如你们熟知的ChatGPT，它的核心就是通过大量的语料数据进行训练，从而拥有强大的"理解"与"生成"能力。但目前，这些语料大多数都来自人类语言，并不是专门为生命科学设计的。

举个例子，比如，我们说一句话："我是华大的。"AI会把"我是"作为一个整体的表示，而"华大"也会被作为一个整体处理。如果这句话在语料库中频繁出现，模型就能更准确地理解它的意义。这种训练方式非常依赖海量数据的支持。

问题是目前用于训练生命科学相关模型的数据远远不够。我们生命科学研究中最重要的"语言"——其实是基因组。人类一个完整的基因组数据大约有 3 个 G（GB）的体量，由 4 种碱基 A、T、C、G 按照特定的顺序排列而成。所有生命的多样性，正是来自这些碱基的排列方式。

人工智能的核心优势就在于它可以通过不断输入这些基因"语言"，学习出规律和特征。比如，它可以判断：某个基因突变是否与某种疾病相关？某种微生物是否对人体有害？就连我们近几年熟悉的新冠病毒和其他冠状病毒，也可以通过大量基因数据进行识别和区别。

所以你问华大为什么一直在进行基因检测，就是因为我们希望为人工智能的发展，特别是在生命科学方向的发展，提供最核心的数据资源。现在，我们已经积累了几千万条基因组数据。未来随着这些数据的持续积累，大模型就有机会真正"理解"生命的底层语言。

很多人都在讨论，AI 的未来到底靠什么？硬件重要，算法重要，但更核心的可能就是这些数据资源。如果说算法是"锄头"，那么数据就是真正的"金矿"。

这也是为什么我们说，生命科学和人工智能的结合，不只是一个学术方向，而是关乎人类健康与未来的重大突破口。AI 不只是"会写作文"，未来，它很可能也能"读懂生命"。

🎙**刘默涵**：未来是否可能建立一个类似"种子库"的海洋生物基因库，以保护珍惜海洋物种的基因资源？

🔊**范广益**：有斯之声记者提出的问题非常宏观，像研究宏观经济或参与政策制定的人才会思考的问题。刚才默涵同学提到的议题，其实正好与华大一直在推进的核心工作密切相关。

我们先来说一个具体的例子。在全球范围内，目前被国际认可的四大基因数据库包括：欧洲的 EMBL（欧洲分子生物实验室）、美国的 NCBI（国家生物技术信息中心）、日本也建有一个国家级基因库，而中国国家基因库就设在深圳，由国家四大部委于 2014 年正式批准建设，2016 年投入使用，由华大集团负责筹建和运营。

虽然我们起步稍晚，但这正是我们的"后发优势"。因为我们可以直接采用最前沿的理念与技术，从零开始、系统化设计基因库架构。因此，中国国家基因库不只是一个数据库，它是一个完整的生命资源体系，包含活体库、样本库和数据库三大核心模块。活体库就像你提到的"种子库"，但它远远不止于种子。我们可以保存各种微生物菌株、人体细胞（比如免疫细胞、干细胞等）、濒危动物的精子、卵子及植物种子、动物胚胎等。

它们被储存在液氮等低温环境中，即使多年后也可以被唤醒、复苏，重新发挥生命功能。比如，某些珍稀物种如果因为自然灾害等灭绝了，我们也可能通过已保存的细胞资源来尝试"复活"它们。

样本库保存的是非活体样本，比如，已经死亡的海洋哺乳动物的组织器官、濒危动物的肌肉、皮肤样本、古生物化石或冰冻保存的生物遗骸。

举个例子，华大在国家基因库展厅里曾设有三只猛犸象的雕塑，虽然它们不是"真身"，但象征着我们真实保存了从西伯利亚冻土层中发掘出的猛犸象标本。这也呼应了我们曾经提出的"复活猛犸象计划"，类似的研究在美国也正在进行中。

这些样本即便存放几千年，未来依然有科研价值。特别是对濒危或已灭绝的物种而言，样本库的建设具有深远意义。

数据库：这是全球所有基因库都具备的核心功能——保存海量的基因组数据。

从 2007 年高通量测序技术出现开始，生命科学数据量迎来了真正的爆发式增长。华大也因此承建了中国国家级基因数据库模块，使我们在数据容量上已经与世界顶尖水平齐平，甚至在某些新兴领域具备技术领先优势。

目前，这一数据库不仅涵盖了人类、动物、植物的基因数据，也包含了大量的海洋生物基因数据，支持从微生物到深海哺乳动物的多层次研究。

我们相信，在未来，国家基因库不仅是科研人员的数据宝库，更是全人类应对生物多样性危机、遗传病预防、生态保护的核心支撑平台。它所构建的不只是一个"存储器"，更像一台穿越时间的生命"时光机"。

你们的问题很有深度，也给了我一个很好的机会，把中国国家基因库的整体构想和愿景，清晰地讲述给更多青少年了解。这些未来，也会属于你们。

🎤**宋沐知**：海洋微生物研究如何帮助应对气候变化？比如，是否有微生物可以减少温室气体的排放，或修复受污染的海洋环境？

📖**范广益**：这是一个非常好的问题。现在全球都在关注碳汇机制，尤其是如何利用自然力量吸收温室气体。在微生物领域，藻类作为一类微生物，确实具有重要的碳汇潜力。如微藻，它们像陆地上的绿色植物一样，能够通过光合作用释放氧气，同时固定大量的二氧化碳。

当前在实验室中，科研人员已能够利用基因编辑等先进技术对微生物进行功能优化，甚至能够定向设计出某些"高效吸碳"的微藻菌株。但这类技术目前仍局限于实验室使用，尚不能随意应用到自然环境中。

为什么呢？因为一旦这些人工设计的微生物进入自然生态系统，可能会破坏原有的生态平衡。比如，它们可能在某个生态位中生长过快，占据了其他微生物的生存空间，从而导致生物多样性的丧失。这就类似于人类肠道菌群的失衡，一旦打破原有的平衡，就可能导致消化系统紊乱、腹泻等问题。而在自然生态中，这样的失衡可能引发更深远的生态危机。

所以，目前科学界主流的态度还是以"保护原有生态系统"为主，避免对自然环境做出过多、过早的人工干预。只有在极端情况或特定封闭场景下，才会考虑引入人工改造的微生物。

未来，随着技术更成熟、生态影响可控，我们也许可以看到微生物在碳中和、污染治理等方面发挥更大作用。但在现阶段，我们的首要任务仍是守护生态系统的自我循环能力，推动自然系统本身的修复与完善。

🎤 **刘默涵：** 您的研究团队收集了从南极到北极、从近海到深远的微生物样本，在这个过程中，国际合作发挥了什么作用？

🔊 **范广益：** 你这个问题提得非常关键。海洋研究的最大挑战之一，就是它的研究范围极其广阔。光靠中国一家科研机构，想要全面覆盖从沿海到深海、从赤道到极地的各类样本，是非常困难的。

我们这次在 *Nature* 发表的研究成果，其实就得益于一个全球合作的科学网络。比如，我们与英国东英吉利大学建立了长期合作关系，他们的研究员托马斯·克拉克（Thomas Mock）教授为我们的项目提供了非常重要的支持。这类合作帮助我们补齐了部分样本空白，尤其是一些远洋区域的微生物样本。

在整个研究成果中，中国科学家在数据采集、基因组测序和分析等方面占据了主导地位，特别是在沿海、中深层海域的样本采集方面，我们积累了大量数据。但在南北极及海洋深渊等极端环境下的样本，仍相对较少。这也是下一步国际合作的重要方向。

实际上，这种规模的"海洋大科学计划"离不开全球科学家的共同参与。无论是样本采集、数据共享，还是技术验证、成果发布，都需要跨国团队携手完成。正因为如此，我们华大也一直致力于打造一个开放、可信、共享的科研平台。所有参与的国家和机构都可以放心地将样本和数据交给我们合作，因为他们知道这些资源将被科学地管理和充分利用。

值得一提的是，华大在国际上的学术影响力，尤其是在纯科学领域，其实比在国内还更为突出。这也让我们能吸引来自全球的优秀科学家共同参与，从而推动整个生命科学和海洋基因组研究的不断前行。

🎤 **宋沫知：** 海洋生态恢复技术进展似乎一直落后于治理需求，是什么导致了这一问题？有哪些方法可以加速海洋恢复？

🔊 **范广益：** 我刚才其实已经提到过一个核心观点，那就是：海洋本身具有非常强的自我净化能力。即便我们人类在发展过程中，向海洋排放了各种污染物，对其生态系统造成了一定的损害，但海洋作为一个庞大的自然系统，它依然能够在一定范围内通过自身的循环和调节机制进行恢复和自我修复。

但问题在于：如果这种人为干扰持续"超负荷"，一旦超过了海洋生态系统的自我修复极限，就会引发生物多样性的严重危机，甚至造成长期、不可逆的生态损害。

所以，我认为，真正的海洋保护，归根到底是一种"理念"的问题。这种理念，必须深入人心，成为每一个人的自觉意识。只有当我们每一个人都具备"保护生态、敬畏自然"的价值观，我们的日常行为才能对海洋生态产生正向影响。

你可以把它类比为我们对待自己身体的方式。一个健康的身体需要平时的锻炼与预防，而不是等到疾病发生后再亡羊补牢。同理，海洋生态的保护也应以"预防为主"，重在日常的守护和合理开发，而不是等问题积累到难以挽回的地步，才想着"治理"和"补救"。

因此，保护海洋不是某一个科学家或某一个机构的责任，而是需要全社会共同参与、共同坚持的长远之路。这才是真正意义上的生态文明，也是真正对海洋的尊重与守护。

🎤 **刘默涵：**"海洋十年"倡议正在推动哪些重要的海洋研究？中国在这一倡议中的贡献体现在哪些方面？

🗣 **范广益：**"联合国海洋十年"（UN Decade of Ocean Science for Sustainable Development）是由联合国教科文组织（UNESCO）牵头推动的一个全球性倡议，时间跨度为 2021 年到 2030 年，旨在通过推动海洋科学的发展，实现"我们需要的科学"和"科学需要的海洋"。

这一倡议下设有多个重点方向，比如，建设健康的海洋、可预测的海洋、安全的海洋等，每个方向都对应一系列的科学目标与社会需求。"海洋十年"不仅关注高水平的科学研究，还包括公众科普、教育传播、跨国协作、能力建设等多个维度。

中国是该倡议中最积极的参与国家之一。在国家层面，中国建立了多个对接与联络机制，例如，"海洋十年国际合作中国联络中心"就设立在青岛的西海岸新区，也就是我现在工作的地方。

中国不仅在科学研究方面积极推进各类"大科学计划"和"研究项目"，还在科普传播、教育培训和国际援助方面发挥重要作用。我们不仅重视国内公众海洋意识的提升，也在国际合作中承担起大国责任，为一些欠发达国家和发展中国家提供科研协助与科普支持，帮助他们更好地保护本国的海洋生物多样性，提升海洋治理能力。可以说，中国在"海洋十年"中不仅是积极的推动者，更是有担当、有行动的全球合作伙伴。

🎙 **宋沫知：** 在全球可持续发展的背景下，如何平衡海洋资源开发和生态保护，目前是否有值得借鉴的国际成功案例？

🎙 **范广益：** 这是一个非常好的问题。海洋生物资源的开发必须始终在"开发"与"保护"之间寻求平衡。我们有一个成语叫"竭泽而渔"，意思是为了眼前利益将池水抽干来捕捞鱼类，最终造成生态崩溃。这正好说明了不加节制地开发会带来不可逆的破坏。

因此，在我们进行海洋资源开发时，必须进行科学评估。例如，我们曾开展过南极磷虾的研究项目。南极磷虾是一种体长只有 6～8 厘米的小虾，但它的生物量极其庞大，甚至超过了全球人类总重量。

南极属于全球公域，不归属于任何一个国家。然而，为了保护海洋资源，各国在南极的开发活动都受到严格限制，每年需要申请捕捞配额。这些配额最初的设定往往依据传统经验，甚至有些是"拍脑袋"决定的，缺乏坚实的科学依据。

为此，我们的团队对绕南极圈不同区域的磷虾进行了系统采样和基因组测序，想要证明一个关键问题：这些磷虾是同一个物种吗？它们之间是否存在基因分化？

我们知道，南极有一个强大的环流系统——南极绕极流，它会带动南极区域的生物循环。因此，我们担心如果在某一个海区长期捕捞，会导致局部资源枯竭。通过基因组学分析，我们发现这些不同海域的磷虾属于同一类群，没有显著的基因分化，说明它们之间是可以互相"补充"的。

也就是说，只要我们遵循科学原则，不进行破坏性捕捞，即使某一地区的资源被暂时利用，其他区域的种群也能通过海洋环流进行补充，实现资源的自然恢复。

例如，如果一个区域有 1 万只磷虾，我们合理地捕捞 5000 只，剩下的种群仍有繁衍能力，第二年又可以恢复到原有的数量。这就是"可持续利用"的基本原则：开发不等于掠夺，科学监测和理性管理才能实现人与海洋的长期共生。

🎙 **刘默涵：** 除了微生物的研究，您的团队还研究了"大生物"。比如，深渊钩虾、深海珊瑚、南极磷虾，您认为这些生物的研究有哪些突破性的发现？

🎙范广益：我们之前已经以南极磷虾为例，探讨了如何通过基因组学支持海洋渔业的可持续开发。而南极磷虾本身，也是一个极具研究价值的物种，特别是其在适应极端环境方面展现出许多独特的生理和遗传机制。

首先，南极地区存在极昼与极夜交替的自然现象，这对动植物的生物节律带来了巨大挑战。我们通过对南极磷虾的基因组分析，发现它们拥有一套独特的生物钟调控机制，能够适应极昼、极夜带来的光照变化。这一点与我们在北极圈地区（如挪威）对人类的生物钟研究结果有异曲同工之妙，说明生命体在极端环境下演化出了特有的适应方式。

另一个特别有趣的现象是南极磷虾在冬季食物短缺时，会出现"逆生长"现象。也就是说，当它们面临极寒且缺乏藻类等食物来源的季节，会主动通过脱壳让身体变小，从而降低能量消耗。这种"越冬缩小"的能力是一种对资源极度匮乏环境的生理调节策略。

我们在基因组层面也在研究：究竟是哪一类基因控制了这些适应性功能？例如，调节能量代谢、维持节律感知、控制体型变化等。通过深入剖析这些关键基因，我们不仅能够理解南极磷虾如何在极端环境中生存下来，也有可能将这些机制应用于未来的极地生物保护、气候适应性研究，乃至人类自身的极地作业生理调节策略中。

🎙宋沫知：您提到"科学没有终点，生命科学的研究才刚刚开始"。如果展望未来 20 年，您认为海洋科学研究的重点会有哪些变化？人类与海洋的关系又会如何发展？

🎙范广益：这个问题提得很好，而且很有深度。科学，其实是没有终点的。就拿我们对海洋生物的了解来说，目前还只是冰山一角。

比如，在海洋微生物方面，据估计，其种类可能多达 10 的 30 次方，这是一个几乎难以想象的巨大数字。而我们现在实际研究、分离、命名并了解功能的微生物种类，大约只有 10 的 5 次方，差距极其悬殊。这意味着，我们对微生物世界的了解才刚刚开始。

如果再看海洋大生物，现有的鱼类物种大概有 3 万种，而目前人类系统研究过的可能只覆盖了 1000 种。我们对大多数种类的生活习性、基因结构乃至其在生态系统中的功能认知还都非常有限。

再举个例子：虽然我们人类的基因组早在几十年前就已经被破译，但对人体内不同组织、不同细胞的基因表达调控、功能机制的理解仍然不完全。如果要以同样的深度去研究每一种海洋生物，那将是一项几代科学家都无法穷尽的巨大工程。

所以，我常说生命科学的研究永无止境。未来 20 年的海洋研究会发生什么，其实很难预测。甚至我觉得，"20 年"这个时间范围可能都太长了——因为技术发展实在是日新月异。

你看，今年春节刚刚过去，像 GPT 大语言模型这样的新技术便持续引爆了各大领域。以前人们对 AI 的理解可能还停留在"假 AI"阶段，而如今，真正的 AI，特别是深度学习模型和大模型技术，已经开始深刻地重塑生命科学的研究方式。

未来 5 年，甚至 3 年内，我们可能就会看到一些不可思议的突破。所以我对未来是非常期待的，也相信你们这一代，会在这个伟大的时代，走得更远、看得更深。

🎤 **刘默涵**：如果青少年没有海洋科学背景，是否可以通过其他方式参与海洋保护？您是否支持"公民科学家"项目？

🎐 **范广益**：我刚才提到了我的科研经历，其实可以用一句话来概括："干一行，爱一行。"在长期从事海洋科学研究的过程中，我越来越深刻地意识到，这是一项充满价值和意义的事业。

海洋不仅是地球上最大的生态系统，也是生命的摇篮。我们常说"生命起源于海洋"，但它究竟起源于海洋的哪里、如何演化至今，其实还有许多未解之谜。这些问题的答案，都需要我们不断探索与研究。

同时，海洋也是全球生物多样性最丰富的地区，它与生态保护、气候变化、资源利用等议题息息相关。然而，当前全球对海洋科学的投入仍然有限，专业研究人员数量不足，科研经费相对匮乏，这些都制约了我们进一步了解和保护海洋的能力。

因此，我由衷希望有更多青少年和未来的科研工作者能够关注、热爱并投身海洋科学研究。无论你是来自学校、科研机构，还是普通家庭，我们都欢迎"民间科学家"的参与，也欢迎社会资本的注入。海洋是全人类共同的财富，只有真正认识它，才能更好地守护它。

让我们一起行动，为人类的未来、为蓝色星球的可持续发展贡献智慧与力量。

🎤 **宋沫知**：对于想要投身生命科学和海洋研究的年轻人，如果请您送给他们一句话会是什么？

🎐 **范广益**：如果要送给年轻人一句话，我想说："先去了解，然后让兴趣带你走得更远、更好，也更开心。"

从我自己的经历来看，只有真正了解了一个领域，才会生出兴趣，而兴趣是最好的老师。我们这一代人很多是在追求温饱、为生活打拼；而你们这一代，不再为温饱所困，有更多机会去思考自己真正热爱的事情。

学习不仅仅是为了考试，工作也不仅仅是为了挣钱。如果你因为热爱而投入到海洋科学这项事业中，你会觉得就算再难，也充满成就感和满足感。反之，如果只是为了完成某个任务而去做一件事，就算做成了，也难以真正开心。

所以，请勇敢去探索，找到你热爱的那片"深海"，兴趣会带你走得更远，也走得更轻松、更有意义。

🎙️**宋沫知**：谢谢范老师。

🎙️**刘默涵**：谢谢范老师。

朱丽叶·赫尔墨斯
(Juliet Hermes)

南非著名的海洋学家，现任南非环境观测网络（SAEON）Egagasini 海洋离岸节点的负责人，同时兼任南非极地研究基础设施（SAPRI）的经理。她的研究重点是南部非洲海域的长期海洋观测、数值建模和气候变化研究。赫尔墨斯教授拥有丰富的科研和管理经验，自 2007 年加入 SAEON 以来，领导并推动了多个国家级和国际合作项目。她的职责包括制订和管理科学计划、监督观测与建模项目、指导学生和博士后研究人员，并在多个国家和国际科学咨询委员会中担任成员。此外，她还积极参与科学传播和教育推广工作，致力于提升公众对海洋科学的认知和兴趣。在学术方面，赫尔墨斯教授曾于 2018 年被任命为开普敦大学海洋学系的副教授，并于 2020 年获得纳尔逊·曼德拉大学海岸与海洋研究所的荣誉教授称号，以表彰她在科研和人才培养方面的杰出贡献。她的研究涵盖了印度洋观测系统、阿古拉斯洋流的变化、海洋热浪和热带气旋等领域，发表了大量高水平的学术论文。赫尔墨斯教授的工作对于理解和应对气候变化对南部非洲海洋生态系统的影响具有重要意义。她的领导和研究成果不仅推动了南非海洋科学的发展，也为全球海洋观测和气候研究提供了宝贵的经验和数据支持。

引言

2025 年 3 月 17 日，南非环境观测网络（SAEON）著名海洋学家赫墨斯教授，与来自加州圣地亚哥的 12 岁学生伊莎贝拉·盖茨（Isabella Gates）展开了一场充满活力的对话。此次访谈由全球青年公益组织（Global Youth Philanthropy）促成，展现了青少年主导的探索如何推动海洋科学素养的提升。就读于美国加州太平洋小径中学七年级的伊莎贝拉，以犀利的提问和积极的环境倡导行动，彰显了跨代际合作在 STEM 领域的重要性。

核心讨论

1. 职业启发与海洋倡导

赫尔墨斯教授回顾了她的海洋学之路——大学时期在一艘环保船上与导师的相遇点燃了她的热情。她对冲浪的热爱、对突破男性主导领域性别壁垒的坚持，与伊莎贝拉产生共鸣。后者分享了她在竞技性团体队列滑中的经历——这项强调团队协作的运动，正是她推动社群联结的缩影。

2. 海洋 – 气候纽带

讨论聚焦海洋作为气候调节器的角色。赫尔墨斯教授将阿古拉斯洋流的全球影响类比墨西哥湾流，强调其对天气系统的深远作用。伊莎贝拉则追问人类干预的伦理边界："水下城市会危害生态系统吗？"——这一问题折射出她对海洋保护的深刻思考。

3. 海洋学创新实践

SAEON 通过动物搭载传感器（如装备追踪器的大白鲨与象海豹）及与美国机构的机器人合作项目，展示了低成本数据采集方案。伊莎贝拉对 AI 与水下滑翔机的兴趣，体现了她对技术前沿的敏锐洞察，赫尔墨斯教授盛赞她为"未来创新者"。

4. 青少年主导的行动

伊莎贝拉在学校海洋保护社团的领袖角色——组织艺术筹款、推动与斯克里普斯海洋研究所（Scripps Institution of Oceanography）合作——成为青少年参与实践的典范。她创作的海洋生物画作，象征着她对科学与艺术的融合热忱。

青年视角：海洋科学中的成熟声音

伊莎贝拉的提问超越了同龄人的常规探索，将批判性思维与伦理考量交织：

技术反思："AI 能否在不破坏栖息地的前提下探索深海？"

公平追问："如何让资源匮乏的社区用上海洋学研究工具？"

倡导哲学："为什么故事叙述和数据在激发保护意识中同等重要？"

她对竞技滑冰个人追求与团队协作的反思，恰与赫尔墨斯教授对跨学科科学的强调形成呼应。

结论

这场对话印证了培育年轻好奇心的变革力量。伊莎贝拉展现的分析深度、行动力与伦理意识，打破了关于青少年 STEM 能力的刻板印象。赫尔墨斯教授通过承诺促成其与斯克里普斯海洋研究所的联系，诠释了学术界赋能下一代的方式。

如伊莎贝拉所言："海洋之谜不仅属于科学家——更属于每一个关心它的人。"她年轻却深邃的声音，印证了包容性跨代际对话在应对全球挑战中的紧迫性。

致谢

感谢全球青年公益组织弥合科学传播中的代际鸿沟。特别表彰伊莎贝拉·盖茨的卓越领导力，以及赫尔墨斯教授对 mentorship（师友计划）的坚定承诺。

后续计划

伊莎贝拉学校社团与斯克里普斯海洋研究所的合作将记录于后续报告中，以实证代际协作在海洋科学中的实际成果。

有斯之声记者：伊莎贝拉·盖茨（Isabella Gates）

我是来自美国加州圣地亚哥的伊莎贝拉·盖茨，一名七年级学生，对科学与创造力的交汇领域充满好奇。除了最近在区域科学奥林匹克竞赛中获奖，我的生活还交织着花样滑冰、模特、艺术创作与声乐练习——这些经历不断激发我对模式规律、运动美学与问题解决的热情。然而，我最大的热忱始终在于对海洋科学的探索与保护。我在学校发起了以学生为主导的倡议活动，探索海洋科学与可持续发展课题。

赫尔墨斯教授在南非环境观测网络（SAEON）的开拓性研究，尤其是关于阿古拉斯洋流与海气相互作用的成果，完美呼应了我对科学发现与故事传递的双重热爱。能与如此专业的海洋科学家探讨她的研究，我深感荣幸。

感谢有斯公益给予我这次宝贵机会！

浪心未眠：
赫尔墨斯的海洋守望与少年回声

🎙️ **伊莎贝拉·盖茨**：我的第一个问题是，是什么激发了您对海洋的热爱和对这一领域继续探索和研究的兴趣？

🔊 **朱丽叶·赫尔墨斯**：正如我之前提到的，我是个冲浪者并一直对此充满热情。后来，我的年纪比较大了，就开始攻读大学学位，那个时候，我在一艘环保船上度过了一段时间，如果发生石油泄漏，我可以提供帮助，也可以参与动物清理工作，这个过程非常充实有趣。当时我还在船上遇到了另一位学习海洋学的女性，不过，后来我再也没有听说过她。与今日不同的是，很久以前，这不是一个受欢迎的领域。那个时候的气候变化并不大，海洋对气候的影响也不那么为人所知。

而这位女士告诉我，她获得了海洋学学位。

我的脑海中瞬间浮现出一个想法，既然她可以研究海洋，那这可能是一个学位，也是一份工作，于是我报名了。

我想，正是因为我遇到了这样一个人，聊起了如此不为人知的话题，填补了信息的空白，也让我和海洋研究之间结下了不解之缘。

试想，谁不想探究海洋的秘密呢？

🎙️ **伊莎贝拉·盖茨**：这真的是一件很酷的事情。我的想法跟您一样，不管怎么样，我们都必须要接受教育，如果可以把爱好转化成专业，那真的是再好不过的事情了。我有一点好奇，您大概是几岁开始冲浪并且找到了自己所热爱的事情？

🔊 **朱丽叶·赫尔墨斯**：大约在同一时间。

我一直都很想冲浪，但是在我们那个年代，冲浪并不是女人能做的事情，也没有任何的榜样能够帮助、激励我做这样的事情。

在我开始冲浪的时候，依旧很少能看到有女士从事这项运动。

可是随着时间的推移，我们不仅能够看到女性开始把冲浪作为兴趣爱好，更有女性有资格参加冲浪锦标赛，并且取得不错的成绩。

我认为这是一个非常巨大的进步，不仅是冲浪这项运动的进步，也是我们整个社会的进步。

🎤**伊莎贝拉·盖茨：** 我能感受到您的惊讶和喜悦，那您如今还在冲浪吗？

🎙**朱丽叶·赫尔墨斯：** 当然！不仅是我，我还教会了我的两个儿子冲浪，所以我们现在全家一起冲浪。

🎤**伊莎贝拉·盖茨：** 这简直是太棒了，我最近一次冲浪是在去年夏天。去年夏天，我报名参加了一些水上运动营，运动营中有各种各样的项目，在此期间，我学会了如何冲浪，滑水，等等，还有一些我之前没有听说过的水上运动，那真的非常有趣！

🎙**朱丽叶·赫尔墨斯：** 确实如此。你可以继续尝试所有不同的事情，并享受其中。

🎤**伊莎贝拉·盖茨：** 是的，这真的太令人愉快了，我可能真的会再做一次。好的，我的下一个问题是关于海洋和天气之间的关系。您学到的最令人兴奋的事情是什么？比如，它们是如何相互联系的？它们相互影响吗？

🎙**朱丽叶·赫尔墨斯：** 在我学习海洋学的时候，我开始理解海洋对天气的重要性。

我不知道你是否知道美国国家海洋和大气管理局？

我非常喜欢的一句话就是，如果你喜欢今天预报的天气，请感谢海洋学家。这句话你听说过吗？

🎤**伊莎贝拉·盖茨：** 是的，我有听说过。

🎙**朱丽叶·赫尔墨斯：** 这是克雷格·麦克莱恩说的。对我来说，这句话完全展示了海洋对天气预报的重要性。就算是我，其实也从未真正完全理解这一点。

你看过《后天》这部电影吗？这是一部大型自然气候灾难电影。

🎙️**伊莎贝拉·盖茨：** 这部电影很出名，但是我没有看过。

🎙️**朱丽叶·赫尔墨斯：** 对你来说，这部电影可能已经相当古老了。

我推荐你去看这部电影，你的年纪在可以观看的范围内。

这部电影主要讲述了温室效应引发的地球大灾难，飓风、冰雹、洪水、冰山融化、季度严寒，一系列的地球巨变引发了一场不可挽回的灾难。

它会让你知道，如果海洋环流发生变化，将如何改变全世界的气候。

对我来说，这部电影虽然有点夸张，但是能够让我们真正了解到海洋对天气和气候的重要性！

不过可惜的是，很多人不清楚也并不重视这一点。

🎙️**伊莎贝拉·盖茨：** 不，我认为这对人们来说是一件非常重要的事情。因为就像月亮也在控制潮汐一样，在很多方面，它们都是相互联系的，尤其是在气候方面，这些自然条件对地球、对人类生活所形成的种种影响都应该引起人们的重视和警惕。我的下一个问题是，在南非进行的环境观测网络工作中，您最喜欢的部分是什么？是坐船吗？您使用过什么很新奇的技术，见过什么稀奇的物种吗？

🎙️**朱丽叶·赫尔墨斯：** 是的。

我喜欢在船上的生活，也喜欢使用海洋机器人。但我工作中最好的部分，也是最喜欢的部分是每一天都是如此的不同。

在一天之中，我可能与我的一名学生谈论他们在当地渔业社区所做的工作，交流气候变化以及正在发生的事情是如何影响渔业社区捕鱼的。

可能一个小时后，我将与某人谈论海洋预报，如我们如何预报海洋以及这意味着什么。

也许再一小时后，我们将再次谈论生物多样性和海洋哺乳动物。

所以在一天之内，我可能会谈论、听闻这些不同类型的海洋学科知识和海洋故事。

我来自南非，我们国家一边是印度洋，另一边是大西洋，在最南边，我们有南大洋。

我们总是在三个不同的大洋开展工作，有可能每一天都是完全不同的团队，随时都有可能发生任何疯狂的事情，所以每天我去办公室的时候，都不知道会发生什么。

🎤 **伊莎贝拉·盖茨：** 这简直是太酷了。您的日程安排一定很忙吧？

🗣 **朱丽叶·赫尔墨斯：** 是的，你注意到了这一点。

我花了很长的时间才了解团队，我们相处得非常愉快，所以即使忙一些，我也完全不在乎，因为每一天都会充满期待，每一天都和热爱自己工作的人一起工作，每一天都被正能量包裹，情绪价值给得满满的。

我可以诚实地告诉你，我们赚的钱真的不多，但是每天早上我都喜欢去上班。

我认为与金钱相比，这一点更加重要。

🎤 **伊莎贝拉·盖茨：** 同感，我也认为这是一项了不起的成就。您刚才提到了海洋机器人，您会使用这些水下机器人、无人机或任何类型的人工智能来弄清楚海洋海底到底发生了什么吗？

🗣 **朱丽叶·赫尔墨斯：** 当然有的，虽然南非没有像美国和欧洲富裕国家那样的巨额预算，不过我们对于海洋的研究十分重视，事实上，我们刚刚买了第一架滑翔机。你听说过海洋滑翔机吗？

🎤 **伊莎贝拉·盖茨：** 是的，我见过一些。

🗣 **朱丽叶·赫尔墨斯：** 它就像一架无人机，但在水下运行。

所以你可以开车带他们穿过水面，它们会进行测量。

这对我们来说太令人振奋了，我们刚刚买入，甚至还没有来得及测试过它们。你听说过 Argo float 吗？就是最初的海洋机器人。

它是一块大石头，看起来像一枚迷你火箭，你把它扔进海里，它就会测量温度和盐分。实际上，这些是使用最广泛的海洋仪器，因为它们已经使用了好几年，收集的所有数据都可供世界上任何人使用。

> 🎤 **伊莎贝拉·盖茨：** 那真的很酷。我听说过第一架水下滑翔机，但我从未听说过第二架机器能够将所有的数据展示给全世界的人，这真的是一项非常厉害的研究。赫尔墨斯教授，我浏览了您的一点研究，我看到了一些关于 Agulhas（阿古拉斯）洋流的研究。您是怎么测量如此庞大的东西的？您是否使用您在上一个问题中列出的一系列工具来帮助您完成这项工作？

朱丽叶·赫尔墨斯： 好的，你查得很好。它被称为阿古拉斯洋流。但是我更喜欢你的发音。它是非常巨大的。你听说过墨西哥湾流吗？

> 🎤 **伊莎贝拉·盖茨：** 是的，我听说过，这听起来十分耳熟。

朱丽叶·赫尔墨斯： 墨西哥湾流是沿着美国东海岸流动的洋流。

而阿古拉斯洋流是我们的版本，但正如你所说，它很大，而且速度很快，可以达到 2.5m/s 的速度沿着南非东海岸移动，所以我不能定量配给。我无法给出一个相同速度的例子。

我不知道你是否能想象 6000 万桶水。

> 🎤 **伊莎贝拉·盖茨：** 我现在正试着想象一下。

朱丽叶·赫尔墨斯： 这很值得想象。我们海岸线上每秒有 6000 万桶水沿着南非东海岸移动。

那么，要如何衡量这一点呢？

这很难。因为如果你往里面放东西，它就会飞走。所以我们做的很多测量都是使用卫星从太空进行的。我们使用卫星来测量海面温度和洋流，但它们只能显示海洋的顶部，并不会告诉你下面发生了什么。

你可以想象一下，这股水流正沿着海岸流下 6000 万桶水，但它也会下降到 4 千米，甚至超过 4 千米，会非常深。

所以，如果你想放任何东西，你必须放 4 千米的锚！这太难了！

我们正在努力，也已经尝试过，如果你把它放得像滑翔机或海洋机器人一样，那么当你把它放入海洋的那一刻，它就会被席卷而走。

> 🎤 **伊莎贝拉·盖茨：** 这真的很有挑战性。您多次列举了您所做的各种努力。

那你们是否成功地在最底层准确地测量了它，还是我们仍需要继续努力？

朱丽叶·赫尔墨斯： 不，我们已经准确地测量了它。

我们投入了大量的资源与来自佛罗里达州罗森斯蒂尔海洋大学的一些美国人合作，美国人真的对阿古拉斯洋流中发生的事情感兴趣，因为非洲南部发生的事情最终会影响海岸线外发生的事情。所以他们想知道那里发生了什么，这样他们就可以知道海岸附近会发生什么。所以他们与我们合作，在海洋中放置了一些大型仪器，我们得到了一些非常好的测量结果。

伊莎贝拉·盖茨： 简直不可思议，我很开心能够了解到最新的研究成果。那您能具体说说，研究南非附近的海洋最难的部分是什么吗？

朱丽叶·赫尔墨斯： 我认为最难的部分就是如何做到这一点。刚刚我解释了这有多难。洋流的速度极快，而且设备都非常昂贵，安装测量仪器需要花费大量的金钱。比如，我们需要一艘大船，把它们放在 4 千米深的地方。如果你使用机器人，成本会更高。因此，我们采用一种更为经济的方法，那就是使用动物。我想你可能对此很感兴趣。我们可以在大动物身上贴上一个小小的标签，比如，在象海豹身上，甚至在大白鲨身上，因为南非周围有很多大白鲨。但是请放心，这不会伤害它们。我们在鲨鱼身上贴上一个小标签，然后随着它游开，它身上的标签会测量温度和水中的盐分。换一种说法，大白鲨也可以作为海洋机器人给我们提供一些数据支持，它们可以在我们无法测量的地方为我们测量非常重要的海洋温度。

因为海洋的无边无际和危险神秘，导致我们的研究非常困难，所以我们需要试想出不同的方法来让我们的研究过程变得简单一些。

伊莎贝拉·盖茨： 听起来真的很难，但是用动物来帮助研究是很酷的。我之前并不清楚这一点，我觉得这太棒了。我想这是我原本留到以后再问的问题，但既然我们正在讨论这个话题，我现在就想要问您个人最喜欢的海洋动物是什么？它不一定是您遇到过的，但只要是您想遇到的，或者您觉得很酷的。

朱丽叶·赫尔墨斯： 有两种，第一种是海马。你知道吗，实际上是雄性海马孕育婴儿。

🎤**伊莎贝拉·盖茨：**哦，我知道的。我记得小时候去水族馆，看到了这个有趣的现象。我当时想，哇，这真的非常令人惊奇。

🔊**朱丽叶·赫尔墨斯：**是啊。所以我非常喜欢海马。我喜欢的另一种动物是琵琶鱼，琵琶鱼的前面有灯。

🎤**伊莎贝拉·盖茨：**哇哦，那一定非常好看。

🔊**朱丽叶·赫尔墨斯：**你呢？你最喜欢的动物是什么？

🎤**伊莎贝拉·盖茨：**和您一样，我也有两种很喜欢的海洋动物。第一种是鲸鲨，因为它们如此温顺却又如此雄伟，就像温和的巨人。这就像我梦想要成为的人。我喜欢的另一种动物是蝠鲼。

🔊**朱丽叶·赫尔墨斯：**这两种都是非常美丽的动物。我希望你能亲眼看到它们。
你知道吗？非洲东海岸有令人难以置信的鲸鲨。

🎤**伊莎贝拉·盖茨：**我听说了，我真的很想和它一起游泳，哪怕只是远远地观察。

🔊**朱丽叶·赫尔墨斯：**好吧，也许你需要学习海洋生物学。

🎤**伊莎贝拉·盖茨：**我想是的，这些可能需要漫长的时间来学习。我的下一个问题是，我想要知道海洋和空气是如何相互影响的？用什么样的方式能帮助我们理解为什么天气会变得越来越疯狂？比如，人们如何通过测量来帮助我们了解气候变化？

🔊**朱丽叶·赫尔墨斯：**是的，如你所知，海洋确实会影响天气。
我认为，如果我们想了解气候变化，我们真正需要做的是对海洋进行长期测量，以便我们能够看到它是如何变化的。一旦我们看到它是如何变化的，我们就会知道它是如何改变天气的。但问题是，我们没有很长的海洋测量时间序列。我们做这件事的时间还不够长，所以我们真的不知道 50 年前发生了什么。要解释气候变化的原因有点困难，因为我们不知道长期的测量结果。

🎙 **伊莎贝拉·盖茨：** 好的，我明白了，这个问题可能需要在后续不断坚持的研究中给出答案。那您认为我们可以在海洋生物学领域做些什么来帮助我们应对气候变化？

🔊 **朱丽叶·赫尔墨斯：** 作为一名科学家，我们可以获取信息，并确保一旦我们获得了这些信息，就不会把它留给自己，我们要向公众解释正在发生的事情，这样就需要与政府合作，由政府来说明解释正在发生的事。

我们掌握的数据能为此提供佐证。因此，我们需要制定政策来改变现状。所以对我来说，以人们理解的方式提供信息是我们需要做的事情。

🎙 **伊莎贝拉·盖茨：** 这是一个很好的答案，非常感谢。海洋健康实际上是如何影响海洋生物和居住在海岸附近的人们的？

🔊 **朱丽叶·赫尔墨斯：** 很明显，它有很大的影响。因为海岸附近的许多人都依赖它。我对美国了解不多，但我知道在非洲有很多人靠着捕鱼生存。你可能不知道什么是自给性捕鱼，自给性捕鱼的意思是你捕获的是你赖以生存的东西。你捕获的东西可以卖掉一些来赚钱，靠着这些养活你和你的家人。

🎙 **伊莎贝拉·盖茨：** 是的，我明白，所谓"靠山吃山，靠水吃水"说的就是这种情况。

🔊 **朱丽叶·赫尔墨斯：** 不错，如果气候变化影响到当地的鱼类，那么这意味着许多家庭将不得不搬走，或者他们将不得不找到其他方式来生存和养活自己和家人。

因此，海洋健康，我认为特别是在那些没有与美国或欧洲相同资源的国家，比如，对非洲和南美洲等非常重要，那里有很多渔业社区，他们真的很受海洋健康变化的影响。

🎙 **伊莎贝拉·盖茨：** 这是一件大事，我认为这进一步表明，我们需要更加努力地保护海洋。我的下一个问题可能有一点私人化。我想问一下，在海洋中工作时，您是否经历过超级可怕、超级有趣或总体上非常有趣的时刻。您有什么想分享的吗？

🗣 **朱丽叶·赫尔墨斯：** 我不认为我有任何真正超级可怕的时刻。我冲浪的时候有过超级可怕的时刻，但工作的时候没有。相反，我有过非常棒的时刻。可能这些时刻并不好笑，也不可怕，但对于我来说，那就是最棒最难忘的时刻。言语表达可能很难让你感同身受，你必须乘坐研究船出海才能真正了解日出和日落。你听说过绿色闪光吗？

🎙 **伊莎贝拉·盖茨：** 是的，我听说过。

🗣 **朱丽叶·赫尔墨斯：** 当你看着地平线，看着太阳落下，就在它落下的时候，可能会有一道绿光闪过。我花了很多时间在海上寻找那道绿光。我很想告诉你，我并没有看到那道绿光，我想我会一直寻找。在海洋中央，周围没有其他人，你会看到各种各样的野生动物。我还见过冰山漂浮过去，海洋是一个令人难以置信的存在。

🎙 **伊莎贝拉·盖茨：** 这就是我喜欢海洋学的原因之一，因为我喜欢在海洋中感受内心的平静。比如，有时候我会一个人去划船，我和我的教练会像划双船一样在运河里航行。我记得有一次我们只是坐在那里，静静地看着太阳下山，我们只是坐在那里，它是如此得平和，这是其他时候感受不到的。每当我在船上，都能真正感受到日出和日落是多么神奇，因为没有任何东西阻挡我的视线，就好像一切都停留在那里，停留在那个时刻。那您在海洋上听过任何有趣或可怕的故事吗？包括冲浪、游泳、在海滩上散步，以及任何您因为工作和其他冲浪活动而经常发生的事情。您有什么想分享的吗？

🗣 **朱丽叶·赫尔墨斯：** 让我想想，我有一次冲浪，海浪很大，我被风浪卷入了一个裂口。我当时真的很害怕，惊慌失措，不知道如何是好。然后我突然意识到我好像可以站起来了。这让我意识到，如果我一直在游泳，双脚无法落地，那么心里的恐慌将会被不断地放大，我也会一直努力地朝着一个方向游过去，直到筋疲力尽。实际上，在整个过程中，我都可以站起来。这也让我明白，从可怕的角度来看，海洋是多么不可预测，面对这种不可预测，我们什么都做不了。

🎙 **伊莎贝拉·盖茨：** 我有一次非常相似的经历，当时我坐在巴厘岛海滩的浅水区，一个非常强劲的浪头袭来，它把我推起来了一点，我的身体感觉到些许压力，这就像有人把我推倒在海里面，我有点像被淹没了。然后我意识到，如果我向后滑行，不过是半英寸的距离就让我成功地回到了岸边。不过在水下的那一刻，我真的很紧张，我想人在害怕的时候，真的会有制造恐慌的情绪。

🔊 **朱丽叶·赫尔墨斯：**是啊。所以我不是唯一一个发生这种情况的人，很高兴知道这一点。

🎤 **伊莎贝拉·盖茨：**是的，我也很庆幸。我想知道您为工作探索过的最酷的地方是哪里？您去过很酷的地方吗？比如，您刚才说您走过冰山，这在我看来很酷，那您曾经在珊瑚礁或其他任何地方潜水过吗？

🔊 **朱丽叶·赫尔墨斯：**对我来说只要是海洋，每一个地方都很酷。

成为一名海洋学家意味着你去的任何地方都是最酷的地方，这也是我喜欢它的原因之一。无论我去哪里工作，都会在海边。

这也意味着，我在工作中遇到的任何人都喜欢大海，所以我们去参加世界上任何一个会议，都会结识其他研究海洋的人，我们总是相处得很好，因为我们都喜欢海洋。

🎤 **伊莎贝拉·盖茨：**我好喜欢这种心态，这就是我的目标，无论我在哪里工作，这都是一个很棒的地方。您个人是否发现过，在您或您的团队发现新东西之前，海洋中还没有发现任何东西？

🔊 **朱丽叶·赫尔墨斯：**因为我们对海洋知之甚少，所以很容易发现新事物。我的团队当然也发现了不同的物种，还发现了不同电流和不同海洋现象。但这并不像你想象的那么令人兴奋，因为当人们对海洋知之甚少时，发现新事物是一件平常的事情。

🎤 **伊莎贝拉·盖茨：**了解，不过真的很奇怪，我们对太空的了解显然比对海洋的了解更多，对比海洋，太空实际上是无限的。

🔊 **朱丽叶·赫尔墨斯：**是这样的。

🎤**伊莎贝拉·盖茨：**对于地球，我们甚至对它知之甚少。

🔊**朱丽叶·赫尔墨斯：**非常正确。

🎤**伊莎贝拉·盖茨：**我不知道这是好事还是坏事，这只是意味着总有更多的东西需要探索。

🔊**朱丽叶·赫尔墨斯：**是的，就是这样。这会让我们保持一颗探索的心，也意味着总会有新的年轻人不断地加入我们。

🎤**伊莎贝拉·盖茨：**这真是一种良性的发展。那如果有一个像我这样的孩子想更多地参与海洋研究，如海洋生物学，该做些什么呢？我试过在很多地方做志愿者，但是这些志愿者活动大多数都有更高的年龄限制，比如，本科生或高中生，像我这样年龄比较小，还在念七年级的学生，现在应该做什么才能参与进来？

🔊**朱丽叶·赫尔墨斯：**我认为你正在做的事情就已经非常了不起了。这是一个巨大的开始，具体还要看你专注于哪个方向。所以你对海洋生物学更感兴趣，对吧？

🎤**伊莎贝拉·盖茨：**我最感兴趣的是尝试走出去，看看海洋生物还有更多海洋领域的知识和研究。

🔊**朱丽叶·赫尔墨斯：**我的意思是，你可以做很多与海洋有关的事情，人们可能没有意识到他们可以做很多不同的事情。

我是一名物理海洋学家，所以我研究温度、盐分、洋流以及它们是如何运动的。为了做到这一点，我必须学习我喜欢的物理和数学，但是要研究海洋生物学，还需要学习生物学，但你也可以研究工程学和设计新仪器，或者你可以研究地质学，发现海底，有很多的专业都可以参与研究海洋这个巨大的工程中。

当然这些都是遥远的将来，对于你这个年龄的孩子，我认为，可以让更多对海洋研究感兴趣的人通过你建立联系，这也是这项工作的一部分。我们接触过很多像你这样的孩子，并且试图帮助激励他们，你只要按照现在的想法坚持走下去就可以了。现在我知道你的名字，也对你有了了解，如果我看到任何相关的咨询和机会，我会联系你。

🎙 伊莎贝拉·盖茨：这简直不可思议。我现在正在做的另一件事，只是一件小事——在学校，我有一个海洋保护俱乐部。现在我的学校有点严格，他们不让我们做太多学习以外的事情。但是我和我的同学也在尽力做一些力所能及的事情，我们正在举办一场艺术筹款和宣传活动，一些女孩尝试出售艺术品来赚取一点善款。我们正试图与斯克里普斯海洋研究所建立联系，该研究所位于圣地亚哥。目前我们还没有联系上，不过我们已经发送了几封电子邮件，期待会有好的结果。

🎤 朱丽叶·赫尔墨斯：我知道，我在斯克里普斯海洋研究所也认识了一个很棒的人。

🎙 伊莎贝拉·盖茨：是啊，这在圣地亚哥是一件大事，它位于圣地亚哥最大的海洋部门。

🎤 朱丽叶·赫尔墨斯：世界各地都有一些令人惊叹的地方，不仅仅是圣地亚哥。

🎙 伊莎贝拉·盖茨：是的，但是它就在我生活的城市，所以我认为这对我和我的俱乐部来说都是一个很好的机会。我们也只是在学校周围张贴一些海报，以提高人们的意识和认知。这后面是我画的东西，我原本打算把它放在筹款活动中，但我太喜欢它了，它还在我的房间里。

🎤 朱丽叶·赫尔墨斯：很漂亮。

🎙 伊莎贝拉·盖茨：是的，我花了很长时间。我想把我的重心放在筹款活动上，我想我可以把它复制一份然后保留下来。

🎤 朱丽叶·赫尔墨斯：制作一份高分辨率的副本并将其打印到画布上。

🎙 伊莎贝拉·盖茨：没错，这真的是一个好主意，我所做的一切是为了进一步推广它。您对我说的每句话，我都听在心里，我也会留意更多的活动，努力寻找合适的机会，并与这个组织保持联系。

🔖**朱丽叶·赫尔墨斯：** 现在你想让我把你介绍给我在斯克里普斯海洋研究所的朋友吗？她很想见你。

🎤**伊莎贝拉·盖茨：** 那太好了。是的，正如我今天一样，在这次采访中收获良多。我还有一个问题，那就是在关于海洋的研究中，您希望有一天能解开或找到解决方案的最大谜团是什么？

🔖**朱丽叶·赫尔墨斯：** 这真是个大问题。

🎤**伊莎贝拉·盖茨：** 是的，它有点宽泛，所以您可以举一些例子。我只是想更多地了解一些，因为我们对海洋知之甚少。

🔖**朱丽叶·赫尔墨斯：** 对我来说，我目前最想找到解决阿古拉斯洋流的答案，并在那里继续工作。我居住在那里，这是距离我最近也是我了解最多的一项未解之谜。如果我真的能解开这个谜团，它对我的国家、对世界都会有巨大的影响。如果你看过《后天》，你就会明白我的想法。所以，目前我最想解决的问题就是这个。

🎤**伊莎贝拉·盖茨：** 一点点解开谜团的过程一定非常有趣，当您找到解决方案时，请一定要告诉我，有机会我一定会去看那部电影。您认为我们能在海洋中开发出更先进的东西吗？我们会有水下城市或类似的随机城市吗？或者您认为海洋对于我们来说未知的领域还是太多，太陌生了。

🔖**朱丽叶·赫尔墨斯：** 这并不是说它太陌生了。我认为问题在于，为什么你想要一个水下城市？

🎤**伊莎贝拉·盖茨：** 这只是我想知道的事情，我不知道是否有更大的当局计划。但我觉得这并不是一个好主意，因为海洋很美，我们都想尽力保护它不受到破坏。所以我觉得，如果在那里建立一个全新的国家，这一定会破坏海洋生态系统。我想了解您在这方面的更多想法。

🔖**朱丽叶·赫尔墨斯：** 我的想法和你一样，这是一个很完美的答案。

🎤**伊莎贝拉·盖茨：** 好吧，我回答了我自己的问题，看来我们在很多问题上的想法都很一致。我还想知道，如果您能发明一些东西来帮助海洋，或者只是您的业务、公司、工作，您会做什么？它会是某种漂浮在海洋中的实验室吗？您会发明更多的方法、更多的机器来帮助观察海洋吗？

朱丽叶·赫尔墨斯： 当然。因为我住在非洲，那里真的没有更多的钱去购买海洋机器人。我想发明一些便宜的设备，可以在非洲各地使用，以某种方式测量和了解海洋。我认为，如果能够创造一些价格低廉、使用便利的机器来供资源贫瘠或者财政不是很富裕的国家和研究院来使用，帮助这些国家或研究院获得所需的信息，以了解自己的海洋，这一定是一件令人喜悦的事情。

伊莎贝拉·盖茨： 这真的是一件非常好的事情，我认为这个想法十分体贴，您可以帮助那些没有资源的人和国家，让他们也能够轻松掌握海洋和气候的变化。我认为这是一项非常好的发明，老实说，我认为这才是我们应该投资的东西，这需要更多的宣传，让更多的人理解并参与其中。您们是如何为您的公司宣传的呢？您们做广告还是制作视频并发布到互联网平台上？人们是如何更加了解您所在领域的业务的？

朱丽叶·赫尔墨斯： 我们有不同的课程，可以帮助像你这样的学习者。

实际上，我们也与一些美国学校进行了沟通交流，并将它们与一些南非学校进行匹配交流，我们经常会去和他们谈谈海洋，谈一谈他们现在学习的科目如果应用到海洋中会起到什么样的作用。比如，数学学科的学生，他们可以把一些海洋数据做整理统计，这样就可以知道我们可以在海洋中测量什么。所以，我们这样做就是与学习者合作，我们带学习者去体验交流。那些孩子中最小的是 15 岁，我们带他们去进行了一次研究巡航。

当然，我们也在社区做了很多工作，我的一些团队也制作了很多的视频。但是还有一些年轻成员并不买账。

伊莎贝拉·盖茨： 天哪，但那真的很酷。如果有机会，我真的很想参与其中。尤其是当您谈论美国学校与非洲学校进行相互交流的时候，这是一个很好的推广方式。不仅促进双方的学术交流，扩大业务范畴，同时也保护海洋，传播海洋研究的相关知识，并影响其他人也加入这个领域中。

🔈 **朱丽叶·赫尔墨斯：** 是啊，这很不错。

🎤 **伊莎贝拉·盖茨：** 我的问题已经全部结束了，虽然跳过了一些问题，但是您在其他的问题中也回答了。在今天的访谈中我真的学习到了很多，和您的交谈让我受益匪浅，让我对海洋研究有了更多更深的了解。

🔈 **朱丽叶·赫尔墨斯：** 那真是太棒了。

🎤 **伊莎贝拉·盖茨：** 非常感谢您在百忙之中抽出时间接受采访。我认为您的研究领域非常酷，您的工作非常多样化，非常有趣。我真的希望更多地参与这个领域。

🔈 **朱丽叶·赫尔墨斯：** 我希望你也是。

🎤 **伊莎贝拉·盖茨：** 非常感谢。

🔈 **朱丽叶·赫尔墨斯：** 我觉得你看起来是个很棒的孩子，我对你提出的问题感到惊讶，这些问题很周到，涵盖了很多方面。

🎤 **伊莎贝拉·盖茨：** 非常感谢您抽出时间，非常感谢您与我交谈，帮助我更深入地了解您的工作。

🔈 **朱丽叶·赫尔墨斯：** 很高兴。我会马上发一封电子邮件，这样你就可以去拜访斯克里普斯海洋研究所了。

🎤 **伊莎贝拉·盖茨：** 非常感谢。

韩喜球

自然资源部第二海洋研究所二级研究员。她专注于深海资源勘查与成矿系统的研究，曾十次担任深海科考首席科学家，在深海科学、探测与找矿方面做出了重要贡献。担任世界科学工作者联合会（WFSW）执委会国际秘书处委员、联合国秘书长科学咨询委员会深海采矿咨询专家。作为十八大党代表和十四届全国人大代表，她撰写了多项深海战略建议并获国家采纳。曾获全国创新争先奖、全国先进工作者、全国优秀科技工作者、全国"三八"红旗手、国务院政府特殊津贴、中国青年女科学家奖等重要奖项与荣誉。

作为中国大洋科考史上首位女性首席科学家，韩喜球不仅是一位"海底寻宝人"，更是深海资源勘查领域的拓荒者——从发现命名西南印度洋脊大型的"玉皇"硫化物矿床，到系统勘查西北印度洋脊发现并命名"天休""大糦"等多金属硫化物矿床（点），为国家深海战略资源储备和权益维护做出了历史性贡献。她还发起女科学家与青少年"大手拉小手"科普实践活动，点燃了无数青少年的科学梦想，生动诠释了科学精神与人文情怀的深度融合。

此次采访恰逢两会闭幕之际，韩喜球作为全国人大代表在两会期间提出了许多建设性意见，本次采访充分结合韩喜球研究员的最新发言，从青少年视角进行提问，为我们揭示科研前沿的挑战、科学与社会的互动，以及青年人的责任、担当。

我们对海洋充满好奇与热爱。例如，史萧远积极投身于海洋相关的实践活动，去年6月8日参加了在珠海举办的"海洋十年进校园"活动，现场聆听了韩喜球及其他科学家的分享。暑假还积极参与"全球河口采样"等志愿行动。

作为采访者，我们对深海勘探和科研前沿满怀期待与好奇。我们希望通过这次对话，能够深度了解一位科学家的探索历程，感受"登山观锦绣，潜海探深幽"的赤子情怀，由此激励更多青年人踏上拥抱星辰大海的征途。

有斯之声记者：俞苏恬

22岁，新闻专业本科生，有多次人物专访经历。

有斯之声记者：史萧远

出生于 2013 年夏天，现就读于浙江师范大学附属丁蕙实验小学。从小热爱海洋的广袤，喜欢各种海洋生物，目前是有斯海洋蔚士俱乐部成员，积极参加了世界海洋日专题活动和全球河口采样志愿行动，关注白色污染（塑料垃圾）对海洋环境和水下生命造成的严重影响，希望能通过力所能及的宣传和行动，带动身边更多小伙伴，为海洋环境保护贡献力量！

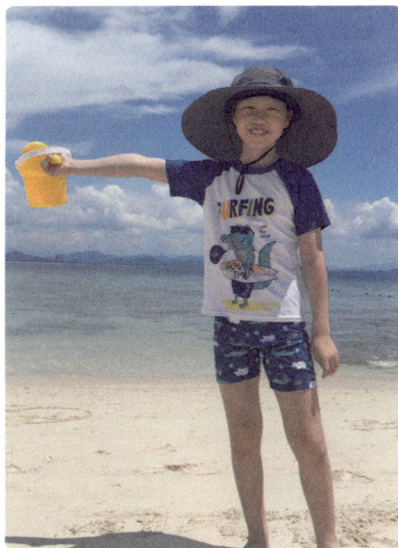

深海播种者：
中国大洋女首席韩喜球的科普拓疆路

🎤 **俞苏恬：** 韩老师您好！非常荣幸能够和您对话。作为我国深海探测领域的先锋科学家，您在中国海洋科考事业中取得了很多项突破性的成果，相信今天的采访能够让很多人受益匪浅。我们看到您在之前的采访中提到，是历史让自己成为一名大洋科考女首席科学家的。那么，从地质学到海洋地质研究的过程中，有没有一位导师或者是一次关键的经历让您从地质学坚定地转向海洋地质研究？当时的决定是不是也比较有挑战性，可以跟我们分享一下吗？

🗣 **韩喜球：** 我成长为深海资源勘查领域的海洋学家，的确充满了奇妙际遇。我学的专业是地质学，作为浙江人，1993 年硕士毕业后希望能在省城找一份跟地质学有关的工作，很幸运被国家海洋局第二海洋研究所（现自然资源部第二海洋研究所）录用，开启了深海锰结核研究。通过地质学与海洋科学的跨学科融合，我很快在深海锰结核的成因和成矿机制方面取得创新性见解，更发现深海锰结核的生长奇妙地受天文周期驱动，创新性提出了锰结核的地球轨道周期印记定年法，成功解决了锰结核高分辨率定年的国际难题。这项突破性成果使 2000 年来国家海洋局第二海洋研究所访问的德国 GEOMAR 所长、"海底冷泉与天然气水合物之父" Erwin Suess 教授高度关注，他特邀我访问 GEOMAR 作邀请报告，并资助我一周的国际差旅费，使我第一次有机会走出国门。2001 年，我受国家留学基金委资助，原计划赴美国俄勒冈州立大学做访问学者，却因 "9.11 事件" 签证被拒，就转到德国 GEOMAR 做访问学者，师从 Erwin Suess 教授。在 2002 — 2005 年，我深度参与了他主持的德国水合物重大研究计划，多次参与国际航次，赴东太平洋和墨西哥湾调查海底冷泉与水合物，专注冷泉碳酸盐岩研究。在此期间促成了具有里程碑意义的南海首个冷泉 – 水合物综合调查航次——

中德合作 SO177 航次。这段经历堪称我科研生涯的关键转折，让我接触到国际上深海科学最前沿的领域及其调查装备、技术和方法。2005 年，我国启动深海多金属硫化物资源调查专项，开启中国首次大洋环球科考，从太平洋面状分布的多金属结核和富钴结壳资源调查拓展到三大洋洋中脊找寻点状分布的多金属硫化物资源。得益于冷泉调查经验，我被委以首席科学家助理的重任，成为这个航次的主要设计、组织和实施者之一。2007 年，我成为中国大洋科考首位女首席科学家。回望来时路，正如我常说的，是时代机遇将我推向了这片深蓝的科研舞台。

🎤 **俞苏恬：** 您刚刚也提到，您是中国大洋科考首位女首席科学家，这个头衔伴随了您很多年，公众对您的关注度也一直很高，包括您之前也获得过女性传媒大奖、年度女性榜样等荣誉，这对您的职业生涯是一种压力还是一种额外的动力？

🎙 **韩喜球：** 压力，也许有一点，但更多的是动力。中国大洋科考首位女首席科学家这个称谓，意味着更大的责任与担当。在每一次劈波斩浪的科考征程中，我始终将实现航次目标、获取高质量调查成果、争取更多科学发现作为首要任务，这是对首席科学家职责的坚守。而社会各界的认可与荣誉，既是对我们团队工作的肯定，更有助于提升公众对深海科研的关注。对我来说，这些都是激励我继续在浩瀚深蓝中探索前行的力量。

🎤 **俞苏恬：** 确实，职责是第一位的，我们也看到您在之前的采访中说过这个话题，您首先是科学家，然后才是女性。这对很多年轻女性都有启发，您觉得从您的角度出发的话，您愿意如何鼓励更多的女性参与科学研究？

🎙 **韩喜球：** 没想到这个观点能引发这么多共鸣。我是这样理解的：在科学探索的征途上，我们的工作角色不应该被性别定义。科研本身就是一个追求真理的过程，不需要刻意强调性别标签。就像我们发表学术论文时，评审标准始终是研究的创新性，而不会因为作者性别有所差异。作为科技工作者，这首先是工作角色，与性别无关。

🎤 **俞苏恬：** 我们也看到，就是今年两会提到的"大手拉小手"项目，它有一个核心点是女科学家点燃儿童科学梦想。您觉得是因为女性科学家在科普教育当中有一些独特的沟通优势或者是身份优势吗？

🎤韩喜球： 我对发起这项女科学家与小学生"大手拉小手"科普实践活动感到满意，并从中收获了很多感悟。从最初在舟山发起，到现在不断在各种平台推广，包括在 UNESCO 等国际组织和全国两会等重要场合呼吁，我都投入了极大热情，因为我深知这项工作的重要意义。作为一名来自农村的科学家，我特别理解科学启蒙的重要性。小时候，我对科学家满是向往，但遥不可及。如今成为孩子们眼中的科学家后，我一直在思考：怎样才能让更多科学家走近学生，让孩子们觉得科学家就在身边，科学不再遥远？

2020 年 10 月，我在舟山举办的第 392 次中国科协青年科学家论坛期间，首次尝试了女科学家与小学生"大手拉小手"科普实践活动。我们邀请了当地 25 位小学生，女科学家们牵着孩子们的手漫步海岛，一起观察地质现象、海鸟和海洋生物。孩子们兴奋不已，眼中闪烁着好奇的光芒。这个场景深深打动了在场的每一位科学家。此后我们每年都会寻找机会组织类似活动。比如，在 2022 年世界女科学家大会举办期间，我们在浙江上虞组织了小学生与来自全国各地及美国、西班牙的顶尖科学家一起到曹娥江采集水样、进行水质检测实验。孩子们在专家指导下亲手操作、亲身体验，这种沉浸式的学习让科学变得触手可及。我们还让孩子们担任讲解员，向大人们介绍家乡的生态特色，锻炼他们的观察思考能力和科学表达能力。

去年，世界科学工作者联合会第 96 次执委会在中国举办，作为世界科联执委会国际秘书处委员，我发起了一次国际版"大手拉小手"活动。来自 12 个国家的 36 位专家委员与 36 位湖州小学生结对，前往浙江湖州安吉余村开展"大手拉小手生态文明行"科普实践活动。我们发现不仅孩子们受益匪浅，这些国际专家也表示深受教育。他们第一次来到习近平总书记"两山"理念的发源地安吉，通过实地考察、观看纪录片和与孩子们互动，都表示心灵受到很大触动。

特别让我感动的是，2020 年与我结对的那位舟山小学生，如今已成长为品学兼优的初中生。他一直珍藏着当年我写给他的寄语便签——"勇于实践，敢于探索"，把它放在书包里时刻激励自己。这样的反馈让我更加坚信，我们播撒的科学种子终会生根发芽。

🖊俞苏恬： 其实我觉得这就相当于是在孩子的心中埋下了一颗热爱科学的种子。

🎙韩喜球：对，热爱科学的种子，让他觉得科学原来就在身边，科学家也都是可及的。2022 年，我还在联合国教科文组织第 13 届非政府组织国际论坛上做邀请报告时提及了这个活动的意义，得到很多参会成员的赞赏。这促成我与佟蒙蒙博士于 2024 年底在联合国教科文组织的刊物上发表文章专门介绍我们的"大手拉小手"科普实践活动，希望在国际上推广这一模式。今年全国两会，我还专门提交建议，呼吁全国性学术组织在举办学术活动时嵌入"大手拉小手"科普实践模块。这个建议经媒体报道后获得百万级阅读量。

🎙俞苏恬：我们刚刚也谈到"热爱"这个词，相信在您深海科考的这几十年里面热爱一定是非常重要的力量。我们也看到您很擅长以诗意的语言来描述科研，会用"卧蚕""天休"这些非常诗意的词语来命名，这是否也是您对海洋研究事业热爱的体现，可以跟我们分享一下当时的灵感和心情是什么样的吗？

🎙韩喜球：为深海发现命名是我科研工作中最富诗意的时刻。就像为新生命命名一样，我总是反复斟酌：如何让这些名称既能体现中国传统文化的深厚底蕴，又能准确展现科学发现的重要特征？

"天休"这个名字源自《诗经》"承天之休"，寓意上天的恩赐。这个名字背后有一段特别的故事：多个国家的科考队曾在这片海域多年勘查却无功而返，我们一去就发现了海底"黑烟囱"和多金属硫化物矿，感到十分庆幸，就用上天的眷顾来比喻。

"大糦"这一命名则充满了发现的惊喜。当我们通过深海摄像看到热液喷口喷涌而出的滚滚热流，周围簇拥着数不清的虾蟹贝类时，那种震撼让我联想到神话中海底龙王的盛宴。"大糦"取自《诗经》，原本指代祭祀时丰盛的供品，就借用过来形容这片富饶的海底"生命绿洲"。

而"卧蚕"这个名字则融合了多重寓意：探测到的海底地形轮廓恰似一只卧着的蚕宝宝；我的工作地杭州素以丝绸闻名；同时"卧蚕"也是形容女性之美的词语。这些精心构思的名称，不仅传递科学发现，更寄托着我们对海洋的浪漫想象。

🎙俞苏恬：我们也看到之前的报道，了解到您在海上累计度过了近千天，最长的一次科考任务达 300 多天，那长时间远离家人，在海上进行科考，您是如何在海上保持着科研热情和心理的平衡的？

韩喜球： 我的回答可能很出乎你的意料。首先我先纠正一下，我在海上呆的最长时间是 100 天。

在海上有什么样的体验？其实我心里全都是工作，根本没有时间去想东想西。什么孤独啊，想家啊，全没有这回事。当然，有些人可能不一样，我真的没有。

很多人都觉得在海上待这么长时间，除了天就是水，什么都没有，只有一艘孤零零的船在大洋深处飘零。我们在深海调查，采集水样和地质样品并进行分析，很多人可能都不太理解，觉得费那么大的劲、花这么多的钱去调查有什么用？但这就是我们海洋地质学家调查探索海底的一个重要方法途径。我经常说这和侦探破案是一样的，要采集各种证据，通过仔细的分析看看周围有没有作案现场。对我们来说就是周围有没有矿床，有没有我们感兴趣的，想要了解、想要破解的深海之谜，这就是意义。

史萧远： 对于普通的公众来说，海洋科学研究的意义可能并不是非常具象。如果要向普通公众用一句话来概括您的研究意义，您会怎样来描述？

韩喜球： 我可能很难用一句话来概括研究意义。在海底找到矿床，这就是我们工作的一部分。首先我们希望找到资源，每个人自从出生以来就开始消耗地球上的资源，你的衣食住行、任何使用到的东西，没有一样不跟矿产资源发生关系。那么地球上那么多的人，每个人都在消耗地球上的资源，我们地球母亲陆地上的资源慢慢就枯竭了。那怎么办？我们的子孙后代没有资源了怎么办？怎么可持续发展？这就是问题。所以我们海洋科学家要到海底去找资源。

史萧远： 您觉得作为一个青少年，该如何提高自己的科学素养，平时应该看些什么书，都应该参加一些什么样的活动？我们能为海洋保护做些什么具体的事情？

韩喜球： 作为青少年，你对这个问题有考虑过吗？

史萧远： 我觉得首先应该从我做起，从身边的小事做起。去年开始我就一直关注海洋垃圾、白色污染的问题，我觉得去海边的时

候，至少得做到自己不乱扔垃圾，呼吁更多的青少年开展净滩环保行动！

韩喜球：好，我觉得首先青少年的科学素养并不是指某一件具体的事情，而是一种素质的培养，可以从很多的小事情做起，因为你在做小事情的过程中获得了知识，以及对某件事情的理解，那这就是素养。你说去海滩上做环境保护工作，你了解到环境的重要性，那就可能会有一些深入思考。对于青少年来讲，通过做各种各样的事情，参与一些讲座或社会实践，通过各种途径的接触，你会获得对这件事情的了解，提升你的三观。因为你还在成长，这有助于你今后做大事，现在都是从小事出发，希望今后能够做到大事。

史萧远：今年政府工作报告指出了科学科普的重要性，您认为目前科学研究如何更有效地与公众连接，向公众科普的最大难点主要在哪里？

韩喜球：今年的政府工作报告中特别提到了要加强科普方面的工作，也提到了要宣传科学家精神，这是非常重要的一件事情。科普是提高全民科学素质的重要抓手。如果全民科学素质都得到提高的话，整个社会就会和谐，高质量发展的步伐也会更加快速，所以我觉得国家的这个决策是非常正确的。

今年两会的工作报告里也提到了要加强教育，科普也是教育中很重要的一部分。今后我觉得大中小学生可能在科学素质培养方面会得到更多的重视，我相信学生们会有更多的机会跟科学家进行交流。

史萧远：近几年我们所处的环境也在不断发生变化，国家也越来越需要人才。年轻人面对的压力也确实越来越大，您会如何让年轻人找到自己科学研究领域的价值，如何吸引更多年轻人投身于科学事业？

韩喜球：这个问题问得非常好，所以我说要从娃娃开始抓起，要从小在孩子们心中种下科学的种子，让他们有各种机会体会到科学的妙处、乐趣和重要性。这样的话，他们在成长过程中就不至于迷失，特别是处在青春叛逆期的青少年，如果他能被科学吸引的话，他就可能比较顺利地度过这一段叛逆期。

史萧远：在您的科研经历中，有没有一场探索让您至今难忘，它又是如何挑战您的？

韩喜球：我们在海上科考时会碰到很多突发事情，突然天气变糟糕了、海况变恶劣了、狂风大作、海浪滔天，孤零零的船在海上作业险象环生。但我们的任务时间又是有限的，必须按照原先预定的设计，要在几月几号返回港口。所以这几重因素的共同约束，让作为首席科学家的我在海上的压力是非常大的。我记得非常清楚的是，2010 年在西南印度洋，那是被称为魔鬼地带的海洋。在一片海域上突然碰到非常恶劣的海况，我们的时间也用完了，但是我们在调查过程中发现了非常异常的信号，意味着我们调查的海域附近的某一个地方肯定有海底黑烟囱。我还记得当天晚上在原地一直等待风浪稍稍平息的那个间隙，然后把装备放到几千米深的海底。船就拖着海底两三吨重的装备顶着狂风艰难前行。我们很紧张地观察海底有没有异常出现，最终，因为那一次的坚持，我们发现了一个大型的"玉皇"硫化物矿床。

很多事情的成功与否就在于闪念之间，如果放弃了就可能与重大发现失之交臂，如果你咬着牙关再坚持一下，踏破铁鞋无觅处，它可能就在你的眼前。

🎤 **俞苏恬：** 我们看到您通过联合国教科文组织来传播"大手拉小手"活动，但是不同国家的资源对科学教育的重视度都不一样，那您打算怎么解决这个问题？

📠 **韩喜球：** 我没办法解决这个问题，我只是希望通过一点点努力，能够让这种现状有一点点改善。世界各个国家贫富差距、社会文化各方面都有很大不同，但是肯定都面临着教育这方面的问题，也都有向好的愿望，所以我觉得"大手拉小手"还是可推广的。哪怕在非洲比较落后的一些国家，也是有学校、老师和科学家的，我觉得他们更加需要"大手拉小手"，促进青少年成长。

🎤 **俞苏恬：** 在推动这一模式全球化的过程中，您认为中国经验的核心竞争力是什么？

📠 **韩喜球：** 我觉得"大手拉小手"现在只是一个理念，我希望更多的人能够了解到，可以通过这种方式来促进青少年的成长，促进全民科学素养的提高，只要把这个理念传播出去，就会有人会受到启发。比如，你看了报道以后，可能就会在学校里告诉老师说我们能不能邀请一些科学家到我们学校来？我今年也在两会上提到了，每年全国有上万场各种各样的学术会议，每次开会的时候科学家很多，如果大家都能够献出一点点爱，献出一点点时间给青少年，那就涉及千家万户，我相信是非常积极的、有意义的工作。

🎤 **俞苏恬：** 那么将来您会不会考虑科学家和儿童一对一互动模式与当地公益组织合作，形成一种标准化的活动流程？

🔊**韩喜球：**这个建议非常好，我觉得是值得努力的一个方向，这样就有可能让更多的人参与进来。因为公益组织本身可能会有一些更加成熟的机制，也许能够把这个活动组织得更好。我觉得这是一个很好的方向。

🎤**史萧远：**那么在未来十年里，您有没有特定的目标来实现？

🔊**韩喜球：**作为科学家，我们肩负着双重使命：一方面要致力于前沿科学研究，推动学科发展；另一方面也要将科研成果回馈社会，让更多人了解科学、热爱科学。

在科研工作方面，我将继续深耕深海探测领域，力争在海底资源开发、海洋环境保护等方面取得突破性进展。这不仅是我们团队的专业追求，更是服务国家战略的重要使命。

同时，我始终认为，科普工作与科学研究同等重要。我们从事科研的经费来自纳税人，因此有责任将研究成果以通俗易懂的方式传递给公众。关于"大手拉小手"项目，我有个长远愿景：希望它能像"星星之火可以燎原"一样，在全国乃至全球范围内推广。我国每年举办数万场学术会议，如果每场会议都能让3-4名中小学生参与其中，长远来看就能惠及数十万青少年。如果这一模式能在全球推广，将是对构建人类命运共同体的积极贡献。这不仅是中国科学家对社会的回馈，更是对全球科学普及事业的重要推动。这也是我今后要努力的方向。

🎤**俞苏恬：**最后想问一下韩教授您对我们青少年有一些寄语或者寄托吗？

🔊**韩喜球：**我一直强调青少年一定要动手去做，一定要自己到户外观察，动手实践，我觉得这是非常重要的。至于以后要干什么，不要太给自己设限，将来一定要做什么，我觉得在这方面可以弱化一点。你要广泛去看，广泛阅历，找到你自己的兴趣，坚持下去。

孙 珍

现任广州中国地质调查局海洋地质调查局研究员、博士生导师，并担任深海钻探中心首席科学家。她是我国深海地质构造与模拟领域的权威专家，也是首位担任国际大洋钻探计划（IODP）首席科学家的中国女性。在学术研究方面，孙珍长期致力于南海共轭陆缘伸展－破裂过程及深水盆地构造－沉积－演化－资源的研究，取得了多项创新成果。她主持和参与了多项国家自然科学基金、油气重大专项等科研项目。截至目前，已在 *National Science Review* 等国内外期刊发表论文 200 余篇，并出版专著两部。

当我们谈论海洋，或许会想到波涛汹涌的海面，抑或航海探险的传奇故事。但海洋的神秘不止于此，在它深不可测的底部，隐藏着无数尚未被揭开的地质奥秘。千百年来，人类对海洋的探索从未停止，而海洋地质学正是揭示海洋演化与变迁的关键。

我对海洋地质学的兴趣，源于一次偶然的经历。那是一次沿海旅行，我站在海滩上，看着远方连绵不绝的波浪拍打着礁石，脑海中不禁浮现出一个问题：脚下的海床究竟是什么样的？海底的地貌是否和陆地一样复杂多变？随着对这一领域的深入了解，我发现，海洋地质学不仅研究海底地形，还涉及板块构造、海底火山、洋中脊以及深海沉积等多个方面，它不仅帮助我们理解地球的演变，也揭示了许多自然灾害的成因。

尽管海洋覆盖了地球 71% 的表面积，但我们对海底的认知仍然有限。随着深海探测技术的发展，科学家们逐步揭开了深海的神秘面纱，其中就包括我国著名的海洋地质学家——孙珍教授。她在海洋地质探测和大洋钻探方面取得了重要突破，为我国深海资源勘探和地球科学研究提供了宝贵的数据。

　　孙珍教授是如何走上海洋地质研究之路的？她的研究经历了哪些重要挑战？海底地质研究如何影响我们对地球演化的认识？带着这些问题，我有幸采访了孙珍教授，希望通过她的讲述，让我们一起深入海洋的深层世界，探索那里未被完全揭示的地质奥秘。

有斯之声记者：单宏杰

　　我是一名就读于深圳外国语学校的高二学生。虽然我只是一名高中生，但我对化学、环境科学、地质和环境保护等领域有广泛的兴趣。同时我对科研也有浓厚的兴趣。2024年，我和同学合作在环保材料领域将理论创造性地转化为成果，为该领域做出了一些贡献。这段经历不仅为我在环境与化学领域带来新的启发与视角，同时也为我带来了许多荣誉，比如，获得了丘成桐中学科学奖（化学）全球优秀奖，还为我未来的探索带来了巨大鼓励。此外，我也是 YouTube 和 bilibili 的博主，热衷于在这些平台向社会分享我们生活中的化学和环境科学知识。

访谈 13

裂解之海：
孙珍与板缘张裂的科学突围

🎤 **单宏杰：** 孙教授，上午好！非常荣幸能在此采访您，就您的专业领域、研究方向以及个人生活展开探讨。这次访谈不仅能让我们更深入地了解板块构造学与地球科学的相关知识，也有助于大众更好地认识这一领域。我们先从第一个问题开始。在查阅您的个人背景时，我了解到您曾从研究板块构造学转向海洋地球物理学。请问是什么因素促使您做出这一学术转变？此外，这一转变对您的科研思维与研究路径产生了怎样的影响？

🎙 **孙珍：** 其实，与其说是转专业，不如说是拓展了研究方向。我并未完全摒弃板块构造学研究，而是在原有的研究基础上进行了延伸。在硕士和博士阶段，我的研究主要集中在陆地地质构造。然而，陆地与海洋的研究方法存在显著差异，尤其是在海洋研究中，由于海水的阻隔，科学家难以直接接触海底，因此必须借助地球物理方法进行探测。这一现实情况促使我扩展了自己的"研究工具箱"。地球物理学主要是一种研究方法，而构造学是研究内容。在陆地上，我们可以直接进行野外采样或数据采集，而在海洋中，我们则需要依靠地球物理成像技术获取信息。中国海洋研究在 2000 年前后的研究手段仍然相对有限，对海底的了解也十分不足。因此，使用地球物理方法对海底进行成像、测量其密度特征和磁性特征，成为研究海洋地质的必要手段。这一拓展对我的研究思维影响深远。过去，我们对海洋地质的了解较为片面，很多人并不清楚海底还隐藏着广阔的地质结构，如陆架的下面还有断裂，盆地里面有石油。借助新的研究方法，我们得以打开全新的视野，深入探究海底构造的演变机制。

🎤 **单宏杰：** 也就是说，您的研究方向拓展不仅增强了您的"研究工具箱"，也都助您更清晰地理解了海洋板块构造的实际情况。接下来，我想请教您关于国际科研经历的问题。在您的履历中，我了解到您曾在伍兹霍尔海洋研究所（Woods Hole Oceanographic Institution）和加州理工学院（Caltech）进行学术交流。这些经历对您的研究理念或职业发展产生了哪些影响？

🗣 **孙珍：** 实际上，我们的身份应被称为"访问学者"，即国家资助的科研人员出访交流。这意味着我在这两所机构并非正式任职，而是以访问学者的身份在那里工作和学习了一段时间。

之所以选择这两所机构，主要是因为它们在海洋研究领域处于国际顶尖水平。其中，伍兹霍尔海洋研究所是全球最负盛名的海洋研究所，而加州理工学院则是世界一流的高校，在地球科学研究方面享有盛誉。

前往这两所机构的目的有所不同。在 2000 年之后，中国开始发展全球海洋探测研究，逐步跳出近海范围，进入全球海洋科学研究领域。然而，在当时，中国在该领域仍处于学习阶段，而伍兹霍尔海洋研究所已在该领域深耕数十年，并且在全球多个海域积累了丰富的研究经验。因此，我前往伍兹霍尔海洋研究所的主要目的是学习。

至于加州理工学院，我的访问与大洋钻探项目密切相关。当时，我联合领导了一次国际大洋钻探航次，与我共同担任首席科学家的正是加州理工学院的 Joann Stock 教授。完成钻探工作后，为尽快发表研究成果，我选择前往加州理工学院，与 Stock 教授合作分析数据、撰写论文。

尽管两所机构的侧重点不同，但它们都高度关注新技术和新方法的应用。当然，这种关注的方式有所区别。伍兹霍尔海洋研究所主要致力于新技术和新设备的研发。许多全球最前沿的海洋探测仪器和方法均由该研究所的工程师所研发。值得注意的是，该研究所约有 1/3 的成员是工程师，科学家与工程师的比例几乎是 1∶1。这种结构与国内传统研究所的人员配置有所不同。在伍兹霍尔海洋研究所，当科学家提出如探测海底断层的研究需要时，工程师则能迅速研发相应的探测设备。这种紧密的合作模式，使伍兹霍尔海洋研究所始终位于国际海洋研究的前沿。

相比之下，加州理工学院更注重技术的应用，尤其在数据和设备共享方面表现突出。他们很早便建立了一个类似现代社交平台的内部系统，研究人员可以在其中实时分享研究数据、实验结果及所见所闻。这种信息共享机制极大地提高了研究效率，使科研团队能够迅速调整研究方向并优化实验方法。实践证明，这种开放与交流的文化，对于科研进步至关重要。适度的共享既能促进知识传播，还能加速科研成果的转化。

在这两所机构的访学经历，不仅拓宽了我的学术视野，也促使我思考如何推动中国海洋科学的发展。回国后，我积极与工程师、设备制造商展开合作，致力于不断升级我国的海洋探测技术。这种跨学科、跨行业的合作模式，使我们能够加速研究进程，缩小与国际顶尖机构之间的差距。这次访学经历无疑对我的海洋科学发展之路带来了积极影响。

> 🎙 **单宏杰：** 您在国外的科研经历不仅让您掌握了更先进的研究手段，还促进了工程师与科学家的协作，同时也思考如何推动中国海洋研究的发展。海洋研究通常需要长时间的海上勘探，数据处理工作也十分繁重。在这种高强度的科研环境下，您是如何平衡学术职责与个人生活的？

> 🗣 **孙珍：** 首先，我非常爱我的家庭，包括我的爱人和孩子，尤其是我和儿子的关系非常亲密。

在科研工作与家庭生活的平衡方面，我认为国家给予了科研人员较大的自由度。例如，在我曾经工作的中国科学院南海海洋研究所，并没有严格规定上下班时间，考核的重点在于研究成果的创新性，而非固定的工作时间。因此，这种弹性工作机制使我能够更好地兼顾家庭与工作的职责。

家庭的支持也至关重要。我的父母以及公公婆婆在孩子年幼、需要照顾的阶段给予了我极大的帮助，他们来到家中，与我们一起照顾孩子和家庭，大大减轻了我们的负担。

此外，科研工作虽然有时会很忙，特别是出海考察期间，但返航后，时间安排相对灵活。这使我能够在孩子成长的关键阶段给予他足够的关注和指导。比如，我的儿子小时候成绩并不突出，需要较多的辅导和关心。我们一直鼓励他养成自主学习的能力，帮助他掌握学习方法，最终使他形成了良好的学习习惯，逐步进入稳定的学习状态。

因此，我们觉得这个事并没有那么难，很自然地就能够兼顾起来。

> 🎙 **单宏杰：** 看来，科研人员的工作虽然辛苦，但仍然可以通过灵活安排实现工作与生活的平衡。接下来的问题涉及您的研究成果。您从事海

洋研究多年，能否分享一下您认为最重要的研究发现？这些发现如何影响您的职业生涯？

📖 **孙珍**：我最重要的发现是关于南海的裂解方式问题，由于南海的研究起步较晚，相关数据和研究成果有限，很多学者倾向于寻找类似的研究对象进行对比。因大西洋的研究相对较早，且取得了较为丰富的成果，尤其是在钻探采样方面，形成了完善的研究模型。因此，很多研究者在研究南海时，常常将其与大西洋进行比较，并试图套用大西洋的模型。

尽管南海与大西洋在许多方面存在显著差异，但由于缺乏其他有效的对比方法，这些差异未能引起广泛关注。为了能够顺利发表学术成果，许多学者依然采用模仿或对比的方法来整理自己的研究认识。随着中国大洋钻探事业的发展，我们开始在南海开展钻探工作。最重要的研究之一是探讨南海从陆地转变为海洋的历史过程及其演变方式。通过这项研究，我们发现南海与大西洋的演变过程有明显的不同，特别是在进一步的勘探工作完成后，我们更加确信这一点。

基于此，部分中国学者提出了关于南海或者边缘海演化的新模式。与大西洋主要为宽广海洋的特征不同，南海作为边缘海受到俯冲作用的影响较强，岩浆较多。因此，我们提出了边缘海的演化模式，并且指出它代表了板块边缘发生张裂作用的结构样式。这一新模式在国际上引起了广泛关注，打破了传统极端案例的研究模式。过去，研究者多集中于岩浆最丰富和最贫乏的地区，而对中等岩浆量的区域研究较少。南海的特点较为接近岩浆中等丰富的地区，展现出更多的多样化特征。

我们的研究取得了突破性进展，不仅为全球范围内的非极端案例提供了新的研究视角，也为其他国家的科学家提供了更加精准的对比标准。今后，他们在进行地区性研究时，将不再仅仅与极端案例进行对比，而是可以与南海等相似的案例进行对比，从而树立了新的研究典范。

🎤 **单宏杰**：那么，您的研究是从无到有，在南海建立了一个新的理论和模型。这一模型不仅能够很好地解释南海的演化，而且为全球各个国家的海洋区域、海洋板块提供了新的研究思路，提出了一种普适性的研究方法，而不仅仅是专注于极端案例。这确实是一个非常重大的进展。在我们的对话中，您提到过中国的海洋技术以及全球海洋勘探技术的发展，如地球物理成像技术。您认为这种技术在多大程度上方便了您，或者改变了大家的勘探方法、勘探手段，它对您的研究方法有什么影响？

🎙 **孙珍：** 技术手段的更新是科学家不断追求更精确、更多角度了解地质结构的动力推动的。最早常用的地震成像方法已经达到了一个"瓶颈"。所谓瓶颈，是指它的发展已经非常成熟，分辨率也非常高。你很难想象，我们在船上拖着一条电缆，边走边放炮进行数据采集，地震的分辨率可以达到那么高。比如，在4000米深的海底，我们可以分辨出米级的结构，也就是说，即使海底有一个大约1米的山包或者小土堆，我们都能够从地震数据中辨别出来。即便是地下10千米的地方，二三十米大小的结构也能够被识别出来。它的分辨率是极其高的。通过这些地球物理成像手段，我们可以对许多海底及其下方的未知结构进行清晰的识别。随着技术的进步，科学家们也逐渐发现，单纯依赖图像识别带来的认识是有限的。我们不仅想知道图像背后的具体含义，还希望进一步解读这些图像的属性。因此，科学家们开始使用更多地球物理方法对这些图像进行深入分析。

科学家们发现，虽然地震成像分辨率很高，但它也存在一定的局限性。比如，尽管地震成像能够清楚显示某一地点的结构与其他地方的不同，我们却无法进一步解释为什么会有这种差异。假如我们怀疑下方可能有活动的流体或喷泉，但并不能直接确认。在这种情况下，我们就需要寻找其他方法来更敏感地捕捉喷泉的存在。于是，大地电磁技术应运而生。虽然大地电磁技术的分辨率暂时没有地震成像高，但它的优势在于对流体活动变化的敏感度极高，甚至能呈现数量级的变化。当我们将地震和电磁两个图像叠加时，不仅能够看到下面的结构，还可以推测出是否存在流体活动，甚至是否存在其他异常情况。这种新方法的叠加应用极大地丰富了我们对海底结构的理解。

🎙 **单宏杰：** 可以说，无论是成像技术的进步，还是地球物理测量技术的发展，都在不断推动我们对地质过程的深入理解。因此，我认为这些技术与科学研究密不可分。地震成像和大地电磁探测这两种方法相结合，为研究者提供了更先进、更精细的研究手段，以及更高质量的数据采集方式。

接下来我们进入一个更专业的问题，涉及海底熔岩及沉积物。您认为这些地质要素如何帮助您研究海洋盆地的演变？与此同时，在建立研究模型的过程中，沉积物与岩浆活动的研究又如何促进您对现有模型的改进和调整？

孙珍： 在早期研究海洋结构和构造时，我们已经知道海底存在岩浆，并且在对地质图像进行解释时，会描绘（mapping）出可能存在岩浆活动的区域。然而，过去的研究主要停留在静态的识别层面，很少有人采用动力学方法，从岩浆与周围环境的相互作用角度，研究它在演化过程中可能发生的物理和化学变化。

随着钻探工作的深入，我们在南海的研究发现，岩浆活动的频率和规模远超我们的预期，甚至多到无法忽视的程度。这促使我们在研究过程中采用多种成像技术，首先确认岩浆的分布情况，包括它是否存在、分布范围、数量，以及它在地层中的影响深度。只有在获得这些第一手数据的基础上，我们才能进一步思考岩浆活动如何影响沉积过程。

然而，仅凭静态的地质剖面或单一的数据成像方法，无法准确推测岩浆如何作用于沉积物。地质演化是一个复杂的、多层次的反馈过程，因此，仅凭观察很难预测岩浆活动对盆地的长期影响。为此，我们引入了数值模拟的方法，将岩浆活动纳入演化模型，模拟其对沉积物堆积、变形，以及油气生成过程的影响。

通过模拟，我们发现，在南海东部陆缘，岩浆在盆地形成的过程中起到了关键作用。它不仅塑造了盆地的结构，也深刻影响了沉积物的分布和油气资源的形成。例如，岩浆的侵入会改变沉积物的热演化历史，从而影响油气生成的时间和空间分布。此外，岩浆冷却后形成的裂隙和构造，可能成为油气的储集空间，或者影响油气的运移路径。因此，在研究南海盆地的油气资源时，必须充分考虑岩浆活动的影响。

单宏杰： 也就是说，在南海这样一个特殊的区域，岩浆活动不仅广泛存在，而且对盆地的形成、沉积演化，甚至油气资源的分布都产生了深远影响。您的研究不仅采用了新的成像技术，还结合了数值模拟的方法，构建更精准的模型，探索岩浆对沉积作用的影响。而这些影响，在传统的静态研究中往往难以解释。借助一些新方法，一些过去难以理解的地质现象，如异常的沉积分布、油气聚集区的特殊构造形态等，终于得到了合理的解释。

我们的下一个问题仍然是关于南海的。您在研究中提出了一种新的板块运动及其相互作用的模型，在这个模型里，哪一项研究让您印象最深刻？这一研究可能会对科学界带来什么新的影响呢？

孙珍：我们最初完成多道地震数据的解析和钻探后，发现南海的岩浆确实很多，但大家并不清楚它具体多在哪里，以及为什么会多。所以，我们利用海底地震的方法对其进行成像研究，最终发现了一个很奇特的现象。通常来说，在大西洋或者其他洋盆，盆地下方的岩浆较多，因为那里的地壳较薄，而在隆起区（小山包）下方的岩浆较少，因为地壳较厚。然而，在南海，我们观察到的情况恰恰相反——大量的岩浆集中在隆起区的下方，也就是说，在较厚的地壳之下。

这让我们意识到，南海的地壳和地幔之间存在"解耦"现象。所谓"解耦"，就是说它们不是同步运动的，而是彼此相对独立地发生减薄作用。因此，我们逐渐认识到，南海并不是一个"小型的大西洋"，而是具有独特的构造特征和演化规律的。

基于这一发现，我们进一步研究，并提出了"板缘张裂"的概念。这个概念的核心思想是，南海的变形不仅仅发生在板块的边缘，而是有自己特殊的变形模式。由于它受到了俯冲作用的影响，相当于在岩石圈底部受到了破坏，地幔首先被破坏，从而在变形过程中先影响地幔，再传递到地壳，反而减缓了地壳的破坏速度。这使南海的构造特征和大西洋完全不同。

从这个角度来看，我们的研究让学术界逐渐认识到，不能简单地把边缘海和大西洋归为同一类型，仅仅认为它们的差别只是尺寸大小，而是应该认识到它们在构造位置上的根本不同，从而导致它们的发育规律也不一样。

最初，当我们提出这个模型时，很多专家还是持质疑态度的，认为不能因为南海位于板块边缘就给它定义一个新的类型。然而，随着研究的深入，我们不断发现新的证据，并提出这些特殊性后，越来越多的专家认可了这一观点，最终接受了这个新的类型，而不是简单地把南海归类到已有的模式中。

单宏杰：也就是说，您的研究在南海的海底岩浆分布以及其特殊的形成机制方面，实际上是提出了一个开创性的认识，促使南海成为一个不同于大西洋的伸展类型？

孙珍：是的，在板缘张裂理论提出和推进上，汪品先院士起了非常重要的主导作用。南海的研究确实帮助我们在国际上确立了边缘海的分类体系，这也是大家共同努力的结果。

🎤 **单宏杰：** 好的，关于学术方面的讨论我们先告一段落，接下来进入下一个阶段。我注意到您是最近才加入广州海洋地质调查局（简称广海局）的，您觉得在这里工作怎么样？此外，您目前的研究项目与您以往的学术经历相比，有什么不同，这是否给您带来了一些新的发现或体验？

🎙 **孙珍：** 是的，我是去年 10 月份加入广海局的。促使我选择这里的一个重要原因，就是"梦想"号的入列，以及它即将开启中国主导的大洋钻探项目。这是一个具有引领意义的事件。

回顾以往，我在 2014 年曾参与了人生中第一次国际大洋钻探航次，当时我是以地球物理和构造研究方向成员的身份登船。在那次经历中，我深刻体会到了大洋钻探的独特魅力。大洋钻探最重要的意义在于，它能弥补地球物理方法的多解性问题。很多时候，我们依赖地震成像或大地电磁等手段来推测地质结构，但这些方法往往存在一定的不确定性。因此，亲自钻取岩芯样品，再结合其他分析手段进行验证是极为重要的。这种实践就像在地震成像方法之后，又引入了大地电磁方法一样，为研究者打开了全新的视野。

2017 年，我又主导了一次大洋钻探航次，这让我进一步确信，钻探将成为推动海洋地球科学深入发展的关键手段。然而，当时中国并没有自主研发的大洋钻探装备，我们主要依赖美国的航次平台。既然钻探如此重要，我一直希望未来中国能拥有自己的大洋钻探能力，而不是被动等待国际合作的机会。我们应该主动承担主导角色。如今，随着"梦想"号的建成，这一愿望终于迎来了实现的契机。因此，我非常高兴能够加入广海局，参与中国大洋钻探的相关工作。

总的来说，加入广海局后，我的工作既是对既有研究的进一步深化，也让我有机会与中国的平台共同成长，助力中国在国际海洋地球科学领域发挥更重要的作用。这让我感到十分兴奋，并且收获颇丰。

🎤 **单宏杰：** 这里的研究不仅仅是一个科学探索的过程，也是一个机会，让研究者能够真正主导自己的钻探项目，解决自己关注的科学问题。这无疑是一个巨大的突破，从零到一的过程。接下来，我们回到一个更偏学术的问题。大洋钻探积累了大量关于深海的记录。这些记录如何帮助科学家重塑地球的演变过程？不仅仅是海洋的演变，甚至可能涉及陆地和大气的变化，它们具体发挥了怎样的作用？

　　🗣 孙珍：这是一个非常有意义的问题。全球海洋的年龄是不同的，比如，太平洋相对较老，可以追溯至两亿多年。因而在这片海洋沉积的地层中，记录了过去两亿多年来的气候演变、环境变化，以及海洋之间是否相互连通等一系列信息。因此，大洋钻探就像一座保存完好的科学档案库。

　　通过钻探不同区域、不同年代的沉积记录，科学家能够解答许多关键问题。例如，科学家在北极的钻探发现，在约 5000 万年前，北极仍是一个温暖的淡水湖，湖泊中的生物繁盛，与今天被冰封的北极海底生物群落完全不同。当时的北极拥有丰富的浮游植物，甚至还存在温带和热带才会出现的生物。这一发现令科学家非常惊讶。

　　目前，人类普遍关注工业化进程所导致的二氧化碳排放问题。二氧化碳作为温室气体，会使地球表面温度不断上升，进而导致南北极冰盖融化。而冰盖融化的后果是什么？科学家们建立了许多气候模型，但由于影响因素众多，变量复杂，很难确定哪一个模型最准确。因此，我们需要参考地球历史上的气候变化记录。

　　通过历史数据，我们可以知道气温上升 10℃ 或 20℃ 时，地球会发生怎样的变化。例如，科学家通过钻探逐步拼凑出一幅完整的历史版图，揭示过去气候变化对生物多样性的影响。历史记录表明，每次剧烈的气候变化都会导致一部分物种灭绝，同时促使新物种的诞生。

　　举例来说，在白垩纪时期，全球气温较高，平均温度可达 16℃，南北极也存在丰富的生物群落，甚至在南极还能发现恐龙的踪迹。然而，恐龙最终灭绝了，这与南极大陆的地质演变密切相关。大约在 3000 万年前，甚至更早，南极与南美洲、非洲完全分离，形成了围绕南极流动的洋流。这一变化使南极与其他大陆隔绝，气候迅速变冷，冰盖开始形成。恐龙无法适应新的生存环境，也无处可逃，最终走向灭绝。

　　很多人会问，地球历史上生物一直在适应环境变化，为什么如今的气温上升会对生物造成如此大的影响？其实，问题的关键在于，人类和与人类共存的物种适应了冰期的温度波动，因此可能无法适应如此快速的气候变化，如果气候快速变暖很可能导致新一轮的生物更替。

　　因此，科学家们致力于研究历史气候变化的档案，精确计算气温变化的临界点，预测不同温度升幅下的物种消失比例。这些研究有助于人类更深入地理解气候变化的影响，并制定相应的应对策略，以减缓全球变暖带来的生态风险。

🎤 **单宏杰：** 所以说，海底实际上是一部档案。谈到海底钻探，它不仅解决了一些关于海底地质构造的科学问题，同时也为我们提供了一份宝贵的"档案"。这份档案揭示了地球的历史，包括大气是如何演化的、过去存在哪些生物等。这些历史信息为我们提供了重要的经验，使我们能够更好地理解当下，并对未来的发展方向做出判断。接下来，我们来聊一个当前非常热门的话题——新技术的发展，特别是人工智能。像 DeepSeek 和 ChatGPT 这样的技术，您觉得它们在哪些方面，或者以何种方式影响了你们的研究和科研工作呢？

🔊 **孙珍：** 实际上，它们对我们的科研工作带来了非常大的帮助，并且改变了我们的工作模式。过去，当我们要开展一个新的研究课题时，例如，我原本研究的是南海，而现在需要转向太平洋。如果对太平洋的情况一无所知，直接派船过去是不可行的。

在这样的情况下，我通常会去图书馆或者在线数据库进行文献检索，比如，输入一些关键词，查找与太平洋及相关构造有关的研究成果。然后，我需要逐篇阅读论文，形成对该区域的基本认知。这个过程非常漫长，因为不仅需要花费大量时间下载论文摘要，还要一篇篇阅读、分析。每篇论文采用的方法、数据可能都不相同，因此要将零散的信息整合成系统性的认知，需要耗费极大的精力。

如今，DeepSeek 在这方面提供了很大的帮助。例如，在正式检索文献之前，我们可以先输入一些关键词或关键问题，让 DeepSeek 提供相关线索。在此基础上，我们再有针对性地下载核心文献进行深入研究，这极大地提升了工作效率。我也对 DeepSeek 进行了多次测试和验证，因为我们最担心的问题之一是，它是否会像网上讨论的那样，生成一些看似真实但实际上不存在的信息。因此，我们反复进行了验证，发现大多数情况下，它的检索结果还是比较可靠的。

可以说，在科研过程中，DeepSeek 主要用于信息的初步收集。它能够快速提供检索结果，生成初步的信息框架，研究人员可以在这个基础上进行更深入的研究。当然，它的表现受多方面因素影响，比如，其数据源的完整性、算法的精准度等。就像一个人，初中阶段能回答的问题和大学阶段能回答的问题肯定不同。我相信，随着技术的发展，DeepSeek 和 ChatGPT 等技术工具会变得越来越重要，并在未来成为科研工作不可或缺的一部分。

🎙️ **单宏杰**：AI 的发展在很大程度上提升了工作效率。如今，我们不再需要像过去那样，通过检索大量文件、逐篇阅读来筛选有用信息，AI 可以帮助我们快速归纳并提取关键信息，从而极大地改变了传统的研究方式。对此，您怎么看？

📢 **孙珍**：确实如此。人工智能的介入在一定程度上重塑了信息获取的方式，使研究人员能够更高效地获取和整理资料。过去，我们需要花费大量时间阅读、筛选信息，而如今 AI 能够帮助我们自动归纳关键信息，使研究者能够更专注于深度思考和知识构建。这无疑优化了研究流程，提高了学术工作的效率。

🎙️ **单宏杰**：如果您拥有无限的资源，可以自由调动各种科研条件，您最想研究哪些问题？

📢 **孙珍**：实际上，我最想研究的问题并不是一个具体的问题，而是探索人类尚未深入涉足的领域。例如，极地和一些人类足迹未曾到达的地方。之所以这些地区的研究较少，主要原因有两个：一是资源有限，二是环境极为恶劣，往往需要高科技的支撑。不过，随着我国相关科研设施的不断完善，如钻探船、破冰船等，这些探索正逐步成为可能。

如果真的有这样的机会，我最想前往的第一站就是极地。极地被称为“地球的气候探针”，蕴含了大量与气候相关的重要记录，但相关研究仍相对较少。因此，极地无疑是一个值得深入探索的领域。

其次，我希望深入地球内部进行研究。就像一个人如果从未走出自己的生活圈，是一件很遗憾的事情。如果一个人一生都只生活在南沙区，从未去过深圳或北京，难免会留下遗憾。其实，人类对地球的探索也是如此。目前，我们的研究仍停留在地壳的表层，甚至连地壳都未完全突破。要知道，地球的直径为 6000 多千米，而海洋地壳的厚度仅有 6 千米左右，但迄今为止，我们连这 6 千米都未能完全穿透，甚至突破 2 千米都极为困难。这无疑是一种遗憾，也说明人类的探知能力仍然非常有限。

对于地球深部的了解，我们大多依赖地球物理探测，或者借助海底岩浆活动带来地表的信息，但这些数据仍然不足。因此，我非常希望能深入地球内部，至少先进入地幔，观察其真实面貌，了解地幔与地壳之间的相互作用，探究深部矿产资源如何迁移至地表，以及地幔中是否存在生命。

实际上，科学家在海底探测时曾发现了一些不依赖阳光或光合作用的生命体。这些生物生活在深海的"黑暗世界"，它们无需摄取常规食物，而是依靠海底甲烷或者热液喷口释放的金属矿物维持生命。更令人惊讶的是，进一步探索后，科学家发现了一些特殊的古菌。这些古菌的进化路径与现今的真核生物完全不同，它们在地底生存了几十亿年，几乎与地球的历史一样悠久。根据研究，最早的生命可能在地球形成后的 7 亿年左右出现，而这些古菌似乎从那时起就一直存活至今，且未曾停止生长繁衍。

更值得注意的是，这些生命体所处的环境温度极高，甚至超过 100℃，然而它们仍然能够存活。过去，我们认为碳基生命无法在如此极端的环境下生存，但这些发现打破了我们的固有认知。因此，我们不能再用传统思维去定义生命的形式和生存条件，只有不断探索，才能揭示生命的更多奥秘。这也是我们希望不断突破极限、探索未知的重要原因。

总的来说，我的研究方向可以概括为向极端环境进发——无论是极宏观还是极微观，抑或是极深，只有深入这些边界，我们才能更全面地理解地球。

🎙 **单宏杰**：您认为海洋历史对我们产生了怎样的影响？

🔊 **孙珍**：实际上，我们都知道海洋深处蕴藏着许多未知的信息。例如，我们在陆地上发现的许多矿产，其成矿过程实际上发生在海底。因此，研究海底的成矿过程，有助于我们更好地理解和利用陆地矿产资源，从而促进人类对自然资源的合理开发和利用。

此外，海洋历史的研究还涉及极端气候变化和生物灭绝事件的发现。这些研究成果提醒我们，人类在发展过程中不能肆意妄为，而应保持敬畏之心。如果我们仅仅为了经济发展而不断向大气中排放氮氧化物和二氧化碳，最终只会自食其果。因此，海洋科学探测作为一项前沿技术，通过钻探和科学家的持续探索，不断揭示历史的真相，推动人类认知的深入发展。

另外，我个人对地外行星也充满好奇。地球上的资源是有限的，主要包括石油等有机燃料以及各类矿产。然而，在其他星球上，矿产资源可能极为丰富，甚至遍布整个星球。例如，太阳系某些行星的表面存在甲烷海洋，整个海洋都是由甲烷构成的。如果人类能够有效利用这些资源，将无疑是一项了不起的成就。

因此，通过先进的科学手段进行研究，不仅可以帮助我们更好地在地球上生存，还能为未来探索地外行星提供技术储备，进而拓展人类发展的空间。我认为，这些研究具有深远的意义。

🎤**单宏杰：** 我们在前面讨论了海洋研究对于人类资源探索的意义。实际上，这类研究不仅能加深我们对资源形成过程的理解，还可能为地球资源逐渐枯竭的问题提供解决方案。那么，最后一个问题，也是一个非常经典的问题——对于普通人，尤其是学生和年轻人而言，如果他们并非海洋研究领域的专家，可以采取哪些行动来支持这项研究呢？

🗨**孙珍：** 目前支持普通人研究海洋的方式越来越多，尤其是在部分高校和研究机构中，已经建立了许多科普基地。这些基地的设立，使孩子们能够直接接触科研人员、实验室和研究成果，还能参观科考船，并有机会申请进入实验室参与科研工作。

在国家政策的支持下，大学生可以通过"大学生创新创业计划"申请进入全国各地的高校或研究所，参与相关研究。而且，国家正在逐步向更低龄群体开放这类机会，例如，支持中学生和高中生，进入高校和研究所，与专业人员一起开展课外研究学习。

此外，国家也在大力支持科普基地和科普实验室的建设。例如，我们今天提到的深圳零一学院，它对年龄没有限制，从小学生到大学生都可以进入校园，直接参与科学研究，包括海洋科学研究。因此，只要孩子们有兴趣，在网上搜索相关信息，就能发现许多参与的机会。

还有一个值得关注的方向是国际大洋钻探项目。未来，中国的大洋钻探项目也可能采取类似的形式，这些项目通常会进行在线直播，并接受各个年龄段的学生——甚至是幼儿园孩子的连线申请。只要提前预约，在特定时间内，船上的科学家就会通过视频互动，向大家介绍科研现场的工作内容，展示科学家的研究过程。这种沉浸式体验能够为孩子带来极大的触动和启发。

因此，我认为，只要同学们对海洋研究感兴趣，就会发现许多可行的途径。关键在于勇敢地迈出第一步，主动联系相关机构申请机会，相信一定能找到适合自己的方式。

🎤**单宏杰：** 谢谢您接受我的采访！

王风平

上海交通大学海洋学院特聘教授、海洋学院副院长、深部生命国际研究中心（ICDLI）执行主任。曾获国家基金委杰出青年科学基金，中国微生物生态学会"周集中突出贡献"奖等。长期专注于海洋深部生物圈研究，曾四次作为载人深潜科学家深潜海底科考，两次参加国际大洋钻探计划 IODP 科学航次，在国际上引领了海洋深部古菌生态/地球化学功能的研究。牵头发起并成功获批联合国海洋十年"Global Subseafloor Ecosystem and Sustainability"（全球海底下生态系统可持续性）国际大科学计划。目前担任国际微生物生态学会 ISME 国际董事（International Board）和大使（Ambassador）、IODP 中国科学委员会委员、中国地质微生物专业委员会副主任，以及多个国际学术期刊包括 *Frontiers in Marine Sciences*、*Applied and Environmental Microbiology*、*mLife* 等副主编和编委。

　　提起海洋，你会想到什么呢？是大海的波澜壮阔，还是"海上生明月，天涯共此时"的壮美篇章？抑或是"泰坦尼克"号上杰克和罗丝的凄美爱情故事？相信那伫立在船头迎着海面飞翔的经典画面在无数人的脑海中回旋。对我来说，这些都不是我对海洋的体验。记得小时候我去海边玩，看日出。广阔无垠的海水深邃而神秘，太阳好像从海里一点点冒出。那时候我就在想：太阳是住在海里吗？海里面都有什么呢？对我来说海洋非常神秘。后来稍大一点的时候，我参观过温哥华和多伦多的水族馆。那些色彩斑斓的水底世界，各种各样的鱼、珊瑚和像植物一样的海底生物都让我叹为观止。后来我知道海洋最深的地方是马里亚纳海沟，也听说了在海底的最深处，也许正是生命的起源地。那么这种推测有什么科学依据吗？我梦想自己能够深潜海底去亲眼看一看那些奇特的景象，那个不一样的世界。

　　海洋占地球表面积的 71%，可是人类对海洋的认知程度，还不如月球。海洋研究有无限的潜力和各种的机会，吸引了很多有才华的年轻人投身其中。它包括了多种学科领域的交叉融合，所以即便你现在所学的专业不是和海洋直接相关的，仍有可能在海洋的研究中发挥巨大的作用。

　　上海交通大学的博士生导师、我国著名的海洋学家王风平老师就是这样一位引领者、践行者。王老师可以说是"双料"科学家，她的博士学位是水稻分子生物学，而她也是世界首位发现深海深古菌门并为其命名的科学家，这是世界上第一个由中国学者提议的古菌门的分类，在国际上引领了对深部古菌生态及地球化学功能的研究。她有四次深潜经历，到过大西洋、太平洋的深层，探寻早期生命的前体物质，并研究探索了深古菌在碳循环中的巨大作用。

　　王老师是怎样进入海洋研究领域的呢？她的学历教育对其现在从事的深海研究有怎样的帮助？她又是如何发现了深古菌门？她的四次深潜经历是怎样的呢？海底真的有生命早期的物质现象吗？带着这些疑问，让我们一起听听王老师是怎么说的。

有斯之声记者：王芊弋

　　王芊弋，英文名字 Eliya。现居住在加拿大的多伦多，是一名八年级的学生。曾获得学校全科奖、科学奖、领导力等奖项，并获得多伦多教育局的现金奖励。兴趣爱好广泛，尤其喜欢阅读和写作，曾在加拿大发表过故事类小文章。2025 年 3 月在多伦多大学举办的 Hart House 辩论赛中代表所在中学获得冠军组、个人辩手第二名的成绩。

听从内心，潜入未知：
和王风平一起认识深古菌

🎤 **王芊弋：** 王老师，您好，非常感谢您接受我的采访。我叫王芊弋，英文名是 Eliya，现在读八年级。您是一位著名的海洋科学家，据我所知您的经历也很励志。是什么契机让您结缘海洋，并以深海生物圈作为您的研究领域呢？能介绍一下当时海洋研究的背景和环境是怎样的吗？

🔊 **王风平：** 我经常被人问到是如何进入这个领域，怎么跟海洋结缘的。在我工作以前，包括我出生的地方其实都位于内陆，离海洋比较远。但是我一直觉得海洋非常神秘，有一种神秘的声音或者某一个因素在牵引着我。工作之前就只是愿意到海边去看一看，但没有想到自己会从事海洋科学。我的博士专业是水稻分子生物学，也就是你要用一些什么基因的办法来提高水稻产量等。现在我也经常跟同学们说，你的学历教育有时候并不一定是你将来从事的专业，我就是一个比较好的例子。我在研究水稻分子生物学的时候，做得也还算可以，完成了博士课题、获得了博士学位，但还是缺乏真正的热忱。在我毕业之际，正好自然资源部海洋三所（简称海洋三所）在厦门招聘研究人员，当时就有一个机会让我去尝试一些新的东西。海洋对于很多人来说知之不多，但很有吸引力。那时我爱人也在那里找到了工作，所以我们决定试试新的领域。当时海洋生物学家徐洵老师在海洋三所建立了一个实验室，她招聘一些年轻的科学人员加入这个团队。我觉得应该大胆一点去尝试新事物，可以先走出第一步，然后再寻求发展。我觉得自己很幸运，虽然博士时期的研究也做得还行，但我找到了一个不一样的领域而且非常感兴趣。当时我们国家的深海研究和科学技术还在初始阶段，我是在这个背景下加入进来的。

🎙 **王芊弋**：这真是一个很棒的经历。当我们说起海洋，想到的都是沙滩、度假。而您看到的更深了一步，好像有一个神秘的声音。而您也改变了专业。那么现在再回头看，您怎么看待您改变专业这件事，您在改变研究领域的时候有什么纠结或者困难吗？您觉得这种改变对您以及世界有什么影响？

🗣 **王风平**：我肯定是有纠结的，因为它是完全不同的领域。我最初到海洋研究所的时候经常问自己：我应该选什么题目，我怎么利用以前学的知识在海洋这个领域开拓和发展？所以我尝试了不同的东西。比如，有一种酶，我想海洋里是否可以提取？或者什么东西来自海洋？ 酶就是一种蛋白质，它是反应的催化剂，如几丁质酶，它可以催化有壳物质如虾壳、蟹壳的分解，产生一些寡聚糖的多糖，可以被广泛应用。然后我就想研究这些，从里面找一些酶的表达等，慢慢地发现什么是自己最擅长的、适合的和真正感兴趣的领域。下面，我想谈谈深古菌。在海洋三所我真正开始海洋科学研究是在 2003 年，那个时候我们用于取样调查的工具是非常原始的，基本上是用一个盒子直接砸下去，然后就可以用多管取样，那个时候我们国家是没有深潜器的。所以每次看到报道别人的深潜，都非常羡慕。那个时候我们拿到的样品，就像采盲盒。就像从五层楼高的地方扔下去一根针，不知道它会砸到什么地方，有可能被水流冲到很远，所以你对拿到的东西的地质环境是不清楚的。在所有拿到的样品中，都会发现这个深古菌，但当时大家并不知道它是什么，应该怎样去分类，于是叫它 MCG，就是杂全古菌。今天比过去好很多，科技进步了，条件改善很多，但是这个问题还没有解决。当时我们就做了进一步的研究，这和我研究水稻很有关系，就是用了大片段的 DNA，这个可能难理解一点。总之跟我以前的博士专业知识是有关系的，用了以前学的基本知识和技术等，和团队的成员一起得到了有用的信息。发现它其实属于一个全新的类群，当时我们就想给它取一个全新的名字，但取一个什么样的名字合适呢？其实想了很久，后来因为我们经常会在沉积物很深的地方发现它，就用了拉丁语里面的深，最后就给它取名为深古菌门（Bathyarchaeota）。它是一个全新的门类，现在看它就是一个全新的纲，就叫 Bathyarcha。你到 Google Schola 上查关于 Bathyarcha，现在的文章非常多，有 4000 ～ 6000 篇，包括其分布和功能等。刚才你问到它到底有什么用，它的贡献是什么。对人类的文明方面，那我简直不敢想。但是它对人们认识海洋生物等领域起到了引领作用，更多的人对它进行研究，而且也发现了它有非常多样的功能。

🎤 **王芊弋：** 听您刚才介绍这个过程确实是非常不容易。采样的过程就像大海捞针一样。那么我下一个想问的就是日常生活中在哪里可以见到或接触到深古菌？除了在海洋的样品上，我们在陆地上怎么能接触到深古菌？

🗣 **王风平：** 它的分布是非常广的，不完全是在海洋里，但因为海洋非常大，所以大部分应该是在海洋里面，在陆地上，有可能在你家后花园的土里，或者度假去的红树林的泥土里面以及一些冻土和温泉旁的土壤中也会有。一般来讲，有机质稍微丰富一点的土壤、里面沉积物比较多的地方都会含有深古菌。

🎤 **王芊弋：** 老师说得很专业。非常高兴学习到这些知识。您刚才说在陆地上也有，包括可能在我们家后花园都有，那么它有什么作用，怎么帮助土壤？

🗣 **王风平：** 嗯，这个问题非常好。它是有作用的，这就是我们的研究课题，但现在还是比较基础的。在未来包括气候变化，现在基本上大家用到的和看到的都是大型的生物办法，但实际上这些办法或者手段会改变微生物，它们也会反馈，这个反馈就有好的和不好的。深古菌有非常多的功能，目前我所知道的，就是它能降解非常难降解的有机质，通俗一点说，就是消化很难吃的东西、不好消化的东西。

🎤 **王芊弋：** 老师，请问它能不能降解塑料？

🗣 **王风平：** 嗯，这个很有趣，是我们未来的一个研究方向。现在没有专门去研究它能不能降解塑料，但是我认为有些类群是可以的。目前我们看到的就是在红树林中这个菌的含量很高。我就在想它为什么老在红树林或者其他一些有很多树的地方，它吃的东西是不是跟这个有关系，然后在实验室中做实验的时候，去培养、刺激它时，就专门加木质素，就是把经过处理的树皮，包括添加造纸的纸浆，结果就发现其他的菌基本上不怎么生长了，但它却可以吃这种东西。这种东西很难吃，但给了它一个生存的机会，这也解释了为什么它经常会在沉积物的深部。因为它有一种特殊的本领，就是别人吃不了的它可以吃，这样就给了它一个生态位。它还可以降解大分子，现在还没有鉴定，是在基因的层面上推测它有这个潜能。我们在一个项目里推算了一下，从全球微生物的生物丰度来讲，它是数量最大的微生物之一，那它在整个自然界的碳循环中的作用很可能非常大，但目前我们还要进一步发展技术，在原位原始环境中去检测它们的活性。也就是我们也希望到海底去，到沉积物的底部，做一些原位的检测。

🎙 **王芊弋：** 太棒了！可以看到深古菌是挺特殊的。它不只是具有单一功能，还有多种用途，将来我也希望看到人们可以更多地接触它，不止停留在实验室。用您的话来说，现在的很多科学问题都是全球性的，是一个国家、一个科学家或一个小团队无法解决的，这就需要进行国际之间的合作。您能给我们讲一讲您参加过的一些国际合作吗？

🗣 **王风平：** 好的。我参加过很多国际项目的合作。我举一个例子，可以看出国际合作是多么重要。在 2023 年，我参加了 IODP 国际大洋钻探项目。历时 2 个月，有来自不同领域的 40 多位科学家在同一艘船上。其中有 5 位生物学家，还有地质学家、地震学家、化学家、建模学家、工程师等。在广阔的大西洋中脊的侧翼，有一些板块和地质的运动，还有一些水和岩石的反应。大概几十年前在那里就发现了一个非常著名的热液场，叫迷失之城 (Lost City)。我们知道大洋中脊的热液一般都是低 pH 值，就是玄武岩和岩浆、水反应形成的一个酸性的热液场。但是迷失之城第一次被发现时是碱性的，它的 pH 值非常高，达到 11 ～ 12。碱性的热液场被认为很有可能是早期生命的起源地。这是一种假说，没有完全证实。我们这么多科学家就要一起来回答：大西洋的地质运动，为什么能造成这样一个结构，它的热流是怎么流的，这里面有很多物理的、地质的因素。这些物理场、化学场产生了一些生命的前体物质，有哪些生命的前体物质在这里被检测到，它们会支撑什么样的生命，所有这一系列的问题就需要地质、物理、化学还有生物科学家们在一起协同工作。我们就想知道在这样一个碱性的、类似于早期生命发源地的地方，有什么样的生命在这里生活，它们采取了什么样的特殊的生存方式和策略，这完全就是一个国际性的课题，需要大家有不同的专业知识，还需要各种资源结合起来做同一件事。另外一个例子，我们建立了深部生命国际研究中心 ICDLI（The International Center for Deep Life Investigation）。它坐落在上海交通大学，是一个国际研究中心。在这个中心里，有来自世界十多个国家的 200 多位科学家。我们可以交流想法、发表文章。每周我们都有时事通讯（Newsletter）。你可以注册一个账户，然后每周一你可以收到时事通讯。我们会发表新文章以及前沿的信息，每年我们都会选出在深部生命领域的最佳文章，还有新星作者（Young Rising Stars）。我们还会组织讲座，推广深部生命的研究。在这里，科学家们互相结识、合作，学生们可以做国际互换生。比如，我有两个博士后和一个博士生交换到德国和法国工作。他们都是深部生命的研究人员。事实上，很多研究确实非常需要不同国家的专业人员互相支持。现在我正在写一个申请书，我邀请了其他国家的深部生命研究专家合作，他们有特殊的技术，带来新思想，我们可以一起合作和讨论。我认为国际合作是必须的，人们应该加强国际合作。

🎤 **王芊弋**：国际合作确实很重要，很高兴知道您有这么多的合作经历。有这么多的科学家一起合作，会不会有一些像知识产权或者其他问题？

🎙 **王风平**：会有的。在科学界，科学家们有一个共识，当你最后形成论文的时候，你知道谁做了什么，然后大家会讨论署名权，谁是第一作者，谁是第二、第三作者。关于专利权，一般来说我们会有一个协议。比如，我现在在写一个项目申请书，我们要提前签署一个协议，分配任务和权利。在开始之前有个协议是一个好办法。人们的做法也许不同。对于我来说，如果合作的科学家们互相了解信任，那么这不会给我造成困扰。

🎤 **王芊弋**：这是一个好的建议。我听说您有四次深潜经历，这实在太了不起了！我从来没有过这样的经历，我觉得我的朋友们也没有这样的经历。请您分享一下深潜前需要做什么身体和心理上的准备？深潜前您紧张吗？

🎙 **王风平**：嗯，我知道人们都对深潜的事感兴趣，我第一次深潜是 2006 年，那时我是有点紧张的。第二次深潜是和 Alvin（"阿尔文"号）一起，它有几千次的深潜记录，"阿尔文"号深潜好像和日常生活一样普通。在那里你会有非常严格的培训，包括怎么潜水等，但还是觉得有点紧张，尤其是第一次。就像有的人第一次坐飞机一样，多少会有点紧张的感觉，但是得克服。当然会有人告诉你能做什么和不能做什么。

比如，在下潜的前一天晚上就不要多吃，从几点开始就不要喝水，因为最大的问题是第二天一整天都在这个潜器密闭的空间里面，不方便上厕所。有的人会准备纸尿裤。虽然有个小帘子遮挡的卫生间，但有的人可能还是觉得不方便。还有，因为要潜入深海，7 小时待在那里，非常冷，所以要穿得很暖和，这些做好了，其实就没有什么。我比较感动的一件事是 2023 年的时候，我上日本的 Sinkai "深海 6500"号下潜，他们的工作人员很贴心，因为我是女士，他们就专门安排了一位女潜航员，她英语说得比较少，在下潜的前一天晚上，那位女士为我画了注意事项，都是用小动画标注，不要怎么样、可以怎么样等，然后给我，我真的觉得非常好、非常贴心。这张纸我还保留着，放在我办公室里。我觉得做海洋研究非常好的地方就是能让你遇到平时你不可能遇到的人和事，而且会去到你平时不可能去的地方，包括有些可能旅游时都不会去的地方。我记得我参加 IODP336 航次的时候，上船的地点叫巴巴多斯（Barbados），我当时真的都不知道这个地方在哪儿，你知道吗？

🎤 **王芊弋：** 我听说过这个地方，但不知道在地图上的哪里。

🔊 **王风平：** 就在北美洲东加勒比海。很多地方如果你不出海，可能一辈子都不会去。我第一次上船是从巴巴多斯，然后从葡萄牙的 Azores（亚速尔群岛）上岸。我和 Azores 真的很有缘，我去三次了。

🎤 **王芊弋：** 我发现您做的事都是很开阔视野的，对身体和心理都是挑战。我觉得那位女潜航员给您的小纸有点像我喜欢看的动画片一样。在您的几次深潜中，您下潜的最深地方是多少米？您在下潜过程中都看到了什么？

🔊 **王风平：** 我下潜最深的就是和那个日本女生下潜的地方，坐的是"深海 6500"号，大概是 6000 米，还算是比较深，因为"深海 6500"号下潜的最大深度是 6500 米。它不像咱们中国的"奋斗者"号可以下到 1 万多米，我们去的地方在西太平洋的马里亚纳海沟，处于板块俯冲的边缘，我们推测那个地方可能是一个比较大的生物圈。因为板块俯冲会带来板片的弯折，产生很多裂隙，这也是该区域地震频发的原因。水会进入裂隙，和岩石发生反应，之后就会生成很多所谓的可供生物生存的物质和能量，所以我们推测在这个地方会有比较多的生命，于是当时我们写了一个提议，这就是为什么有这个中日航次的原因。下去后我真的感觉自己太幸福了，我突然想到同济大学的汪品先院士。他下去了之后上来说，像爱丽丝梦游仙境一样，我当时就有那种感觉。我以前下潜到热液喷口那一块，也很好，但是没有那么大片，而且是自己意料之中。这次感觉很平和，仿佛漫步山水园林，锰结核等物体不时出现，海绵、海葵等软体动物随处可见。我们在泥火山附近一边探寻一边观赏，景色很美，当时就感觉自己很幸福。

🎙王芊弋：您说的这些事情都非常新奇和有吸引力，非常棒。现在有一个新的科技叫 AI，那么 AI 在海洋研究领域会有什么帮助？

🔊王风平：我听说很多现在进行的项目都已经引入 AI 了。它们可以做很多数据分析，我想这是第一步，以后它们可以做更多。我希望中国能走在科技的前沿。这些新的技术其实已经在使用，比如视频数据的处理、将来海底的地质描绘等。AI 肯定可以促进深海的研究，我们应该多学习。

🎙王芊弋：是的，您说得对！我们肯定也要学习 AI，AI 现在已经大量地出现在我们的生活中了。很多年轻人对海洋研究或者深潜海底都非常有兴趣，那么您希望他们怎么继承这种传统呢？

🔊王风平：要听从你内心的声音，保持一颗好奇心。我觉得海洋有太多的未知，吸引人去了解它。如果对自然有一颗初心，就会被海洋吸引。我们经常讲的一点就是我们对海洋、地球内部的了解，其实还不如我们现在对月球的了解。随着新的科技进步，还有更多的年轻人投入其中。包括我自己的学生，我经常跟他们讲的就是 "follow your heart"（随心而动）。如果你不是真的热爱这件事情，你不可能做得很好，就像我最开始讲的我做水稻研究，拿个文凭没有问题，但是如果你要做得非常优秀，必然要穷尽你的能力和各种方法，要做到日思夜想。所以我觉得海洋充满了吸引人的各种元素，也确实可以让一个有才华的年轻人大展身手。但是最核心的点是要有一个热爱的初心，或者是说有勇气跳进去。如果你只是站在很远的地方，但舍不得跳进去，你就只是一个欣赏者，不可能成为一个真正的探索者。也许你跳进去后发现这并不是你所热爱的，也没关系，因为不能让每个人都研究深海。但那里有无限的可能和很好的机会，能够把各种元素、知识相互融合。所以有能力、有才华的年轻人，欢迎加入深海。

🎙王芊弋："follow your heart" 对我们来说非常重要。我们在想科学家的时候总是联想到在实验室穿着工作服努力工作的形象，但是您在生活中呢？我想您在生活中是非常有趣的人，您是怎么平衡工作和生活的？

🔊王风平：就是靠运气吧。包括你们现在也是非常幸运的。很大程度上来讲，其实你可以做自己想做的事情。我儿子现在也在国外读大学，我经常就跟他说，你要认清自己真正喜欢什么，然后你再去做。如果你不喜欢你所做的事情，我觉得很悲哀，而且很痛苦。我不觉得工作和生活需要那么大的平衡，我觉得可以把它们安排好。每个人都是不一样的，每个人的家境、生活经历都会不同，但是如果你有热爱，我觉得你都会过得很好。

🎤 **王芊弋：** 您说得特别好，我也觉得是这样。如果在一生做的事情是不喜欢的，那确实是一种不幸。我也听说您是多种科学杂志的编委，那是一种什么样的工作？它会怎样影响您的科研工作？我个人也喜欢写作，所以非常想知道您这方面的经历。

🎙 **王风平：** 科学论文与科普文章，它们是不一样的。我作为编委，撰写科学论文偏多一些，科普文章也写过，就是写作方式完全不一样。写科学论文整体上来讲，核心就是怎么讲一个完整的故事，而这个故事呢，就是要吸引人，而且这个故事要把你的科学发现呈现出来，让人看到你是用科学的方法得出的或者找到的新的科学发现，然后要让大家明白，为什么你这个科学发现值得被报道，以及它的科学意义在哪里，这些串起来就组成一个科学故事。

此外，当你在写论文的时候，你要想你的读者群是谁。比如，你要投稿的杂志是一个科普类的，虽然是科学杂志，但它的受众其实不光是物理学家或者化学家，也可能是普通读者，所以就不能用太专业的词来讲述这些发现，你在讲述为什么做这个工作或工作意义的时候就要用对普通人来讲的话来阐述这个科学的重要性。但如果你的论文是在一本很专业的杂志上刊登，那这一点就可以不用太考虑，最重要的是让大家看到你的方法和立意，内容在专业方面是非常专业、科学的，结论是经得起推敲的。

如果是一篇科普文章的话，那它的受众就是普通人，你就要用通俗的语言把你的科学发现表述出来。其实重要的科学发现都应该用大众能听懂的语言表述出来，这个也是需要平时多训练的。我知道有一些我认识的很好的科学家，他们做科普做得非常好，他们可以用身边很普通的、每个人都理解的一些事例把一些很艰深的科学知识讲得很明白，我觉得这个也是天赋，有的人是有这个天赋的，我们还可以努力一下。

🎤 **王芊弋：** 您刚才说的非常好，您的建议对我也很有帮助，下面我准备问最后一个问题，我知道在2018年您发起成立了深部生命国际研究中心。您成立它的目的是什么？有什么背景故事可以给我们分享一下吗？

🔊 **王风平**：是的，2018 年我和合作者们一起在上海启动了深部生命国际研究中心，主任是上海交通大学的肖湘教授。它的成立其实应该算是深部碳观测计划（DCO）深部生命（deep life）联盟的延续，深部碳观测计划是在美国启动的一个延续 10 年的国际大科学计划，由斯隆基金会资助，其中有深部生命联盟，在 2019 年，该计划完成了。那么它将如何进行？科学家联盟可以共同研究哪些知识？当时，我们委员会成员讨论了这些问题，并在上海交通大学的支持下启动了深部生命国际研究中心。它非常成功，直到今天仍在运行，我们仍然将世界各地的科学家聚集在一起。我已经介绍了许多合作项目，我们有每周的时事通讯，一起开展活动。现在它是目前唯一的一个深部生命国际组织。它的目的是推动深部生命研究的发展，将世界顶尖科学家聚集在一起，为科学家提供最好的合作平台。

🎤 **王芋弋**：这真是太了不起了！我真的很喜欢听您讲述您的经历和您从事的研究。您的回答非常有见地且详细，我感觉非常鼓舞人心。我个人从中学到了很多，我希望未来能继续向您学习。再次感谢您接受这次采访，我会把这些信息传递给我的朋友们，以及那些对此非常感兴趣并会受到启发的人。我相信有很多人和您有相同的目标。就我个人而言，我非常想加入保护海洋的队伍并更多地了解它。谢谢王老师！

🔊 **王风平**：谢谢 Eliya！

张 奕

国家深海基地管理中心潜航员，中国首批女性潜航员之一，并且是唯一一位在印度洋、太平洋和大西洋都有下潜经历的女性。张奕在海洋科学研究领域表现出色，曾多次参与"蛟龙"号载人潜水器的深海探测任务，积累了丰富的实战经验。她在深海探测和技术操作方面展现出了极高的专业素养，是中国深海科考领域的重要人物之一。

海洋生物令我着迷，我从小喜欢了解关于海洋的知识。我很担心海洋的生态环境遭到破坏，我希望海洋的美丽能够延续到我们的后代子孙。我和家人经常去海边度假，有一次，我们去了夏威夷最受欢迎的浮潜地点之一——恐龙湾。在下水之前，我们参加了海滩清理的志愿者活动，在海滩的一角清理垃圾。垃圾的数量和我们发现的东西都令人震惊，我们甚至发现了一个马桶座，而另一组人发现了一台冰箱。还有微小的微塑料与天然的沙子混合在一起，不可能完全去除。虽然较大的垃圾块令人担忧，但微小的微塑料才是真正的危险。鱼会吞食它们，这不仅使鱼类的健康遭到破坏——最终，这些鱼会上到我们的餐桌，危害到人类的健康。我相信帮助保护海洋的最好方法是了解海洋保护工作。我希望通过这次采访，让更多人意识到海洋生物的脆弱，也让更多人看到海洋是多么美丽和有趣。

在我很多次的浮潜旅行中，我从未远离过水面去到海洋深处，我对海底深处的世界充满了好奇。在这次采访中，我有幸与中国第一位女潜航员张奕交谈。作为一名潜水器驾驶员，她的职业将她带入了未知的水下世界，张奕和她的团队曾驾驶潜水器进入海洋最深处，那里只有极少数人去过。她见证了深海的奥秘，遇到了很少有人能看到的令人惊叹的水下场景。我对她在海底探索方面的经历和工作非常好奇，所以很高兴能有机会和她交流，从她的经历中了解海洋中未被探索的深处。在我们的采访中，她分享了丰富的知识和在海洋深处奇特的经历，我很高兴和你们大家一起分享这些。

有斯之声记者：鲁安琪

　　我叫鲁安琪，今年 12 岁，住在美国纽约。我喜欢画画、看书、打壁球，还会弹钢琴。我也喜欢海滩，尤其喜欢在海里浮潜。在多次浮潜旅行中，我有机会看到色彩斑斓的珊瑚礁、生机勃勃的珊瑚礁鱼类和清澈见底的海水，我还看到了其他各式各样的海洋生物，这些以前只能在水族馆里看到。

访谈 15

潜入深蓝：中国"蛟龙"号
首位女潜航员张奕的探索之路

🎤 **鲁安琪：** 您能介绍一下潜航员的工作吗？

🗣 **张奕：** 嗯，好的。首先非常感谢有斯公益能给我们这次交流的机会。我没想到在遥远的美国，咱们同胞小朋友也对潜水器和深海这么感兴趣。我很荣幸能够参与这项活动中。

我现在回答你这个问题，载人潜水器的驾驶员，我们称为潜航员。目前全世界的潜水器主要分为有人的和无人的。有人的（或者是载人的）潜水器最大的特点就是能够带着科学家下潜到海底，进行水下的勘察和作业。那么潜航员呢，我们简单地说就是开潜水器的司机。但是，不像司机那样简单，他会在整个过程中负责很多工作，比如，他会负责潜水器的操作，潜水器在水下的取样，除此之外，还要负责潜水器的维护、保养、故障的排查，甚至在载人潜水器的设计制造的过程中也要参与进来。所以说，他既是一个司机，又是一个工程师。当然，他最主要的职责就是保障每一个潜次的安全，包括设备和人员的安全，然后圆满地完成每个潜次的工作。

🎤 **鲁安琪：** 好的，谢谢！您能介绍一下您当时为什么会想成为一个潜航员呢？

🗣 **张奕：** 我在上大学的时候呢，也是很凑巧，看到了我们国家招聘第二批深海载人潜水器的潜航员的通知。我所在的学校——哈尔滨工程大学，是一个以船舶专业为特色的学校。所以，在我的整个学生生涯中，对于造船、潜艇、潜水器的接触就很多。而且，我的师兄也参与了"蛟龙"号整个的设计制造工作。所以，在我上学期间就知道了"蛟龙"号载人潜水器的存在，也知道了它的意义。正好在我要毕业的时候，赶上在招第二批潜航员。我觉得这项工作很有意义，而且结合我的专业，我对我们国家的深海开发，还有海洋强国战略的实施等都有很大的兴趣。所以说还是以兴趣为出发点，选择了这样一份工作。

🎙 **鲁安琪**：谢谢！您是中国第一位女性潜航员，您当时有面临什么样的挑战吗？

🔊 **张奕**：对，我们是第二批深海载人潜水器的潜航员。在我们之前有第一批的潜航员师兄。其实在我正式接触到"蛟龙"号的时候，它已经完成了 7 千米级的海试，就是已经过了海试的阶段，开始了正式的应用。所以说，在我接触潜水器的时候，它的装备状态已经是非常稳定了。我觉得女性作为潜航员来说，在水下的工作，其实和男性所面临的情况是一样的。

分享一下我们在海底遇到的一些小状况吧。每次下潜的时候，我们都能看到海底非常奇妙的景色，但是，也会有潜水器出故障的时候。比如，我们在"蛟龙"号第 100 次下潜的时候，当时我没有在舱里，是我的同伴下潜。我们的潜水器在正常的布放回收过程中，是通过母船把潜水器运到指定的海域，然后利用母船上的一个水面支持系统把潜水器布放到水面，作业完成之后再将它回收上来。在第 100 潜次的时候，潜水器很顺利地完成了作业，然后回到了水面。但是因为我们水面支持系统出现了一些故障，没有办法按时回收，所以潜水器在印度洋上漂了一晚上，当时海况很恶劣，算是一次很难忘的经历。虽然我本人没有参与下潜工作中，但是我也一直在水面负责跟舱内进行通话，也经历了这一晚上惊心动魄的抢修过程。所以说在海上可能会遇到各种各样的突发情况，为了保障整个航次顺利进行，我们在出海之前会做万全的准备，比如，会带很多备件，如果有设备坏掉，我们可以马上更换，然后制定很多的应急预案。对，海上的工作还是非常有意思的。

🎙 **鲁安琪**：谢谢分享！您的第一次下潜是在一艘叫"蛟龙"号的潜水器上，您在海底都看见了什么？

🔊 **张奕**：我第一次下潜是在 2015 或 2016 年。当时我作为副驾驶，跟着我们第一批的潜航员，相当于进行海上训练的一次下潜作业。我的印象非常深刻，第一次下潜的时候，当潜水器开始慢慢下降时，我能看到周围的海水从浅蓝变成深蓝，然后慢慢变黑，大概在水下 200 米的时候就能通过观察窗看到很多发光的浮游生物，在窗外游来游去，好像流星一样漂亮。我第一次下潜是在印度洋的热液区，海底的景色非常美，就像海底的一座座火山，也像桂林的石林，烟囱林立。同时，这个地方对于潜航员来说，作业难度非常大。首先是因为烟囱口附近的温度很高，如果离烟囱口太近的话，可能会对潜水器的外观设备造成灼伤或破坏。但同时，为了能够精准地取样，我们又要靠近烟囱口来进行测温和取样等工作。那一次，我跟着我们的主驾驶，一方面看到了很多海底很壮观、漂亮的景色，另一方面也学习到了很多潜水器驾驶操作的内容。

🎤 **鲁安琪：** 那次下潜，您和您的团队是在试图寻找什么吗？你们后来到底找到了什么呢？你们的发现会改变我们目前对于深海的认知吗？

🗣 **张奕：** 我们每个航次的下潜都有不同的任务，比如，我们可能需要对海底矿产资源的分布、海洋生态环境，以及生物的多样性和连通性等进行调查，甚至每一个潜次针对不同的地形，它的任务都是不一样的。当然，我们会有一些预期的科学目标。我们科学目标的设定建立在大量前期研究的基础上，我们想通过每一个潜次来证实它是否正确。同时，每一个潜次也都会有一些新的发现，比如，我们可能在一个海山的北坡和南坡来分别进行下潜，通过分析生物的相关性来判断海底、海山的形成成因等。比如，我们对热液区附近生物的基因进行研究，在那样高温、高压，没有氧气和阳光的恶劣环境下，依然有很多生物在那里聚集，我们通过对它们基因的研究来探索人类起源的奥秘等。所以，我们每个潜次其实是针对不同的科学目标来确定任务的。

🎤 **鲁安琪：** 深海里的生物和我们通常在浅海和陆地上看到的生物有什么不同呢？

🗣 **张奕：** 深海里的环境和我们浮潜或者自由潜水的时候看到海底的景色有很大的不同。因为在深海中没有阳光，所以海底的生物，像珊瑚、海绵等，就会长得很大，但是颜色并没有很艳丽，都是以白色、黑色、灰色这样的颜色为主，偶尔也会有一些红色的，但是很少。其实珊瑚在深水和浅水中的形态没有特别大的区别。但深海里的鱼类跟咱们日常见到的鱼类的区别还是挺大的。可能是受高压的影响，深海里的鱼大多头和嘴很大，身体扁扁的、长长的，它们会用很大的嘴巴来捕捉海底为数不多的浮游生物和微生物作为养分的来源。总的来说，海底的生态环境没有浅海那么丰富。

🎤 **鲁安琪：** 您能解释一下热液喷口以及它们在深海生态系统里的重要性吗？

📖 **张奕：** 刚才我也介绍了一下热液喷口的状况，"蛟龙"号目前是在印度洋和大西洋海底的热液区进行过下潜作业。我们所测到的热液喷口的最高温度大概是 370℃。在热液喷口周围有很多的生物，如一些贻贝、铠甲蟹、盲虾，还有管状蠕虫等。一些海洋生物学家对热液区非常感兴趣，因为在陆地上，小花、小草、大树通过光合作用把太阳光的能量转化成有机能来生长。但是，在深海中，因为没有太阳，所以深海中的动物主要是通过化能合成的作用来汲取养分，就是把海底的一些化学元素转化为有机能，以此来获取生长所需的能量。热液喷口喷发出来的热液主要是一种多金属的硫化物，它里面硫的含量非常高，能给周围的一些生物提供非常多的养分，也导致在热液喷口附近的生态系统非常发达。所以我觉得对于热液喷口附近基因的研究进而延伸到人类起源的一些探索，是非常有意义的。

🎤 **鲁安琪：** 当您下潜的时候，您需要在潜水器里面待很久，在水下停留很久是什么样的感觉呢？

📖 **张奕：** 简单跟你介绍一下，"蛟龙"号每个潜次的水中作业时间是 10 ～ 12 个小时。我们通常是在早上六七点的时候开始把"蛟龙"号布放到水面进行作业，然后在下午五六点的时候回收上来。我们每次下潜有三个人，三个人是在一个圆形的载人球壳里面。我们身体是不需要承压的，载人球壳里有非常完善的生命支持系统，有供氧系统、二氧化碳吸收系统，我们的压力是常压的。所以说我们在载人舱里的环境其实和现在是一样的，唯一的不同就是温度，舱里没有什么制热的设备，水下 7 千米的温度大概就是舱里的温度，在 4 ～ 5℃，舱里可以说是阴暗潮湿的环境。我们的载人舱直径是 2.1 米，要坐 3 个人，还要放很多的仪器设备，所以舱内的空间比较狭小。作为主驾驶，可能要连续 10 个小时保持一个姿势来进行潜水器的驾驶操作。在舱里下潜的整体感受就是有点冷，时间长了会有点累。但是，我们每一次下潜的机会都非常宝贵，时间非常紧张，所以我们会专注于水下的工作，在作业过程中非常有意思，倒不觉得累。通常我们在完成工作回来之后才觉得好累呀。

🎤 **鲁安琪：** 你们下潜的时候，耳朵不会感觉到压力吗？

📖 **张奕：** 感受不到，我们感受不到压力的变化。因为我们是在那个载人球壳里面，它的压力和我们现在的大气压一样。

🎤**鲁安琪：**您在潜水中看到最惊奇或者完全没有预料到的是什么呢？比如，一种动物或者新的发现？

🗨**张奕：**在海底每次都会遇到一些之前从来没有见到过的现象或者动物。比如，我们看到了一些透明的海参，它们的身体是透明的，我们能够看到它们里面的内脏。我也是在下潜的过程中才知道海参在水里是怎么游的，它们像跳舞一样翻转着游，我们还在海底看到过海参在海底的沙滩上排泄，我们还用摄像机拍摄了全过程。还会看到一些肆意生长、造型独特的海绵，有的像大拇指，有的像球，还有心形的，各种各样的。有一次，我们还在海底看到了一堆小球球，像一个个小山丘，我们在想这是什么东西？于是我们就取了一些样品回来，科学家经过分析才知道那些都是动物的粪便，海底的洋流把那些粪便都聚集到一个地方了。在海底你会看到很多不同的地质现象，也会看到很多你之前没有见过的生物。每一次下潜我都会学到一些知识，跟我一起下潜的生物学家会告诉我这个叫什么珊瑚，珊瑚分多少种类，这个东西叫什么，所以，时间长了自己可能也成了半个生物学家。

🎤**鲁安琪：**听说您两天后又要下潜了，您这次下潜的目的是什么呢？您对于再次下潜有什么感受呢？

🗨**张奕：**是的，我们有计划起航。"蛟龙"号在过去的两个月完成了一次技术升级的工作，这次技术升级主要是针对一些关键设备的国产化升级，我们给它换了电池，换了推进器等。这次升级之后，我们要对它进行海试。我们这个航次的主要任务就是在海里对设备的各个系统进行海试的联调。

🎤**鲁安琪：**您觉得新技术，比如，人工智能怎么帮助我们探索和保护深海呢？

🗨**张奕：**"蛟龙"号是我国第一台自主设计建造的大深度作业型的载人潜水器。它的诞生也推动了深海装备方面许多新技术的发展，比如，万米载人球壳制造技术、万米浮力材料制造技术，还有"蛟龙"号先进的导航定位技术、水声通信的技术（就是我们在水底作业的时候，同样也可以和水面上的人来进行实时的交流，文字、对话都可以）。现在我们国家的人工智能技术越来越发达，我们也很希望在水下探索的过程中能够应用进来。结合我自己的实际工作，我想说希望未来有一天我们可以研发出基于人工智能识别的设备，将其带到海底去，如果在海底遇到我们不认识的生物，或者是无法分辨的矿产种类的时候，我们通过人工智能识别，能够马上知道是什么东西，然后帮我们判断这个东西值不值得采回去，值不值得来进行下一步的研究，这样能够提高我们采样的精度，同样也能够提高我们每个潜次作业的效率，这是我个人的一个设想。

🎤**鲁安琪：** 您有和其他国家的潜航员联系吗？您会跟他们讨论或分享什么呢？

📠**张奕：** 目前我本人没有接触过国外的潜航员。在"蛟龙"号研制出来之前，我们国家是派人去美国的"阿尔文"号，参与他们的联合下潜，也是为了"蛟龙"号的研制去了解载人潜水器作业的一些过程。在"蛟龙"号研制之前，世界上有4个国家拥有大深度的潜水器：美国、法国、日本、俄罗斯。其实通过一些报道和文献，我们对他们潜水器的应用、潜航员的情况也都非常了解。

2024 年，"蛟龙"号开展了首个国际合作航次，迎来了 8 位搭乘"蛟龙"号进行下潜作业的外籍科学家，有来自加拿大、墨西哥、葡萄牙等国家的科学家，进行了一次国际科学考察。当时我最大的感受就是全世界的科学家对于海洋生态环境保护的理念都是一致的。我记得在跟我下潜的时候，有一个女科学家一直在说，我们只取有用的样品，不要过多地破坏海底的生态环境，这和我们的理念非常一致。

🎤**鲁安琪：** 好的，谢谢！您觉得未来的海洋生态系统，例如，您研究的热液喷口，会是什么样的？您觉得我们应该怎么保护它们呢？

📠**张奕：** 首先，目前人类对于海底世界的开发和认知还是非常少的。我觉得在任何人类参与的海底活动中，最主要的任务还是对原有生态环境的保护。我们并不希望过多地破坏、改变或干涉原有的生态环境。比如，我们现在做一些海洋资源的勘探开发，下一步我们可能会进行海底的采矿活动，但是所有的活动之前都有很重要的一步，就是对海洋生态环境的保护。比如，我们会先测试一下，如果把这里的矿产拿走一小部分，会对这里的海洋生态环境产生什么样的影响？拿走的这些东西，我们可不可以找一个其他的东西来替代它放在那里，使海洋生态环境继续维持下去？所以对于海底世界，我个人理解最想达到的状态就是让它保持原样，不要去破坏它，不要去干预它。

🎤**鲁安琪：** 您有什么关于海洋保护的信息想要跟大家分享的吗？

📠**张奕：** 海洋生态环境确实非常脆弱，尤其是海底，就像我刚才所说的，它整个的生态系统没有浅水区那么丰富和发达，如果它遭到破坏，可能需要很长的时间去修复。可能我们在水下 5 千米看到的一株大概一米长的珊瑚，它其实已经在那里长了几十年才长成那样，所以我想对大家说，一定要保护海洋生态环境，不要去破坏它。因为所有海底的生物资源和矿产资源都是全人类的共同财产，我们要共同守护它，让它可持续地发展。

🎤**鲁安琪：** 年轻人怎么样才能参与海洋探索和保护中呢？

📖**张奕：** 像我一开始说的，你才 12 岁，就对海洋保护方面这么有兴趣，我觉得是一件很好的事情。我也希望能够通过更多地宣传海洋，包括海底的知识，让大家认识海洋，了解海洋，也希望越来越多的年轻人和小朋友对海洋有兴趣。像载人潜水器，它是一个非常复杂的系统，各种专业的人才都可以参与这个工作中，机械、通信、控制、总体结构的等。只要你对这方面有兴趣，不管你是学什么专业的，包括学海洋地质、海洋生物、海洋微生物的等，都可以参与这项工作中。我们也很鼓励年轻人更多地关心海洋，认识海洋和爱护海洋。

🎤**鲁安琪：** 好的。多谢您接受我的采访！预祝您的下潜顺利！

萨布丽娜·斯佩希
（Sabrina Speich）

法国巴黎高等师范学院
（ENS）物理海洋学与气候科
学教授，巴黎动力气象实验室
（LMD）和皮埃尔－西蒙·拉
普拉斯气候研究所（IPSL）核
心成员，欧洲科学院院士。长
期致力于海洋动力学、海气相
互作用及其对气候变异与变化
的机制研究，擅长海洋数值建
模与大尺度观测系统设计。作
为国际阿尔戈浮标计划的创始
成员之一，主导多项全球海洋观测与模拟项目，推动气候变化背
景下海洋环流、热量传输及生态响应的跨学科研究。近年聚焦海
洋－大气动力过程与气候适应策略，为国际气候评估（如 IPCC）
及欧盟海洋政策提供科学支撑。曾获欧洲地球科学联盟杰出贡
献奖，发表学术论文 200 余篇，并担任 *Journal of Geophysical
Research: Oceans* 等期刊编委，其成果显著提升了气候模型精度
及海洋观测网络的全球化应用。

海洋广阔而充满活力，我们对其依赖甚深。它具有调节气候、推动天气模
式，维护生物多样性等功能。然而，在其表面之下，却隐藏着一个如今正受到气
候变化威胁的脆弱系统。

海洋洋流是全球热量和营养物质的重要输送者，它们将世界连接在一起，但
正以惊人的速度受到干扰。这些洋流曾塑造了海洋文明和生态系统，如今却在发
生变化，甚至可能会影响地球上的生命。

这一切可能导致极端的天气事件，如飓风、干旱和洪水，威胁沿海社区和粮
食安全。海水升温正在导致珊瑚礁白化和死亡，破坏无数海洋生物的栖息地。此
外，极地冰层的融化正加剧海平面上升，可能使全球数百万人流离失所。

面对这一环境危机，理解气候变化与海洋洋流之间的联系不仅是科学问题，更是保护我们星球的关键。

在这次采访中，我有幸与萨布丽娜·斯佩希教授学习。她是一位杰出的物理海洋学家，在海洋动力学及其对地球气候系统的影响方面做出了重要贡献。目前，她在巴黎高等师范学院担任教授，主要研究海洋环流、气候变化以及海洋与大气的相互作用。

斯佩希教授参与了多个国际海洋研究项目，如 Argo 和 GO-SHIP，并对大西洋经向翻转环流（AMOC）及其对气候变化的影响进行了深入研究。她的研究涵盖观测海洋学、数值模拟和气候系统分析，为我们理解海洋如何调节全球气候提供了重要见解。

在这次交流中，她分享了自己的研究内容、当今海洋学面临的挑战，以及她在海洋研究领域的经验。

有斯之声记者：伍晞榆

英文名字 Hayley Wu，是洛杉矶的一名高中十年级学生。从小兴趣爱好广泛，喜欢钢琴、阅读、写作和舞蹈。目前钢琴九级，曾获得 MTAC-LAC Music Olympia 铜奖。同时也喜欢运动，现在是高尔夫校队队员和 Junior PGA 参赛选手。对生物学和环境科学有着浓厚的兴趣。2025 年 3 月，通过选拔有幸成为联合国人道会议（HNPW）边会发言的青年代表之一。

追踪热流：萨布丽娜·斯佩希
与海洋气候系统的全球协奏

🎤 **伍晞榆：** 对于那些可能不熟悉您工作的读者，您会如何用一两句话来描述
您的研究？

🎙 **萨布丽娜·斯佩希：** 我是一名物理学家，专门研究海洋学，以及海洋的物
理特性，包括洋流、温度和盐度，以及它们与大气和太阳的相互作用。我的目标
是了解海洋的行为，以及它如何与大气交换热量、水分和动量。

🎤 **伍晞榆：** 有没有某个特定的时刻或经历，让您意识到自己想要研究海洋？

🎙 **萨布丽娜·斯佩希：** 我一直对海洋充满热情，小时候在意大利长大，常常
去海边。每当父亲驾船出海时，我都会和他一起去。高中时，我喜欢物理学，而
将这两个兴趣结合起来，促使我选择了物理海洋学作为我的研究方向。

🎤 **伍晞榆：** 您最喜欢这个领域的哪个方面，是什么让您持续保持对研究的
热情？

🎙 **萨布丽娜·斯佩希：** 从一开始，我就一直热爱物理学和海洋学。海洋很迷
人，因为它并不容易理解。早期，我们的数据非常有限，但现在像阿尔戈浮标和
卫星等技术的进步，大大提升了我们对海洋的认知。这些进展让海洋科学数据变
得更加丰富，我们更加能够理解季节性循环以及海洋在气候中的作用。海洋对气
候研究至关重要，因为它覆盖了地球 2/3 的表面，并且与大气不断互动。这项研
究是全球性的——数据是公开共享的，科学家们在国际上共同努力，提升对气候
的认知并优化气候变化预测。

🎙️**伍晞榆：** 在您的研究生涯中，是否有某个特定的发现或时刻让您最为激动或印象深刻？

📻**萨布丽娜·斯佩希：** 在科学研究中，你不会发现某个非常惊人的事物，因为它是由许多小的发现组成的。然而，有一个关键的发现是，海洋拥有一个全球性的大循环系统，这个系统始于北大西洋和南极周围。曾经人们认为它是缓慢且不连续的，但我们发现它是一个更加复杂的系统，并且具有很大的变异性。目前我们仍然不完全理解为什么会发生这些变异。另一个重大认识是，90% 的全球变暖热量被海洋吸收了。虽然我们看到海洋表面气温上升了 1.5℃，但气候变化的真正衡量标准是能量——有多少热量进入了系统。我们计算了包括海洋、陆地和冰层的全部热量，清楚地看到海洋在缓慢变暖，随着时间的推移，这将带来长期影响，因为这些热量可以在海洋中存在数百年。

🎙️**伍晞榆：** 科学研究往往充满挑战——在您的职业生涯中，是否有过遇到重大挫折的时刻，您是如何克服的？

📻**萨布丽娜·斯佩希：** 我们的领域在很大程度上依赖公共资金支持，但近年来，尤其是在那些政府更偏向私人部门投资的国家，这种资金支持正在减少。像我们这样的基础研究虽然不能直接为工业带来效益，但对长期的发展至关重要。气候变化研究对于社会至关重要，但这部分研究正受到资金不足的困扰。当政府削减这方面的资金时，它直接影响到天气预报等重要服务。在美国，政府资助了全球超过 50% 的海洋观测，这些观测对预测风暴和飓风至关重要。如果资金被削减，这些服务的准确性将受到影响，并且会带来安全风险。这是一个政府往往难以理解的挑战，我为研究的未来和社会感到担忧。

🎙️**伍晞榆：** 在您看来，当前哪些海洋相关的气候问题需要最紧急的应对，应该采取哪些措施？

📻**萨布丽娜·斯佩希：** 气候变化是我们面临的严峻挑战，关系到所有生命的生存。这不仅仅是一个影响脆弱国家的问题——它影响着我们所有人。在法国，北部地区发生了大规模的洪水，而大西洋沿岸也在遭受侵蚀。人们被迫搬迁，但政府并没有为这些社区提供明确的解决方案。我们需要应用研究和更好的基础设施来帮助这些地区适应气候变化。气候科学，尤其是海洋相关的研究，对于理解和减缓气候变化的影响至关重要。我们需要更实际的解决方案来应对适应问题，而不仅仅是集中在遥远地区的海洋洋流等理论方面。

🎤 **伍晞榆**：这些洪水是否与海洋环流和气候动态有关，它们是如何影响我们日常生活的？

🎙 **萨布丽娜·斯佩希**：洪水是一个复杂的问题，其形成主要有两个原因。首先是海平面上升，其次，风暴变得更加剧烈，导致降雨量增加和突发性洪水。这些洪水通常源自海洋，但也可能涉及其他因素。在短短几小时内，小河流可能暴涨，淹没大面积地区。这是海洋与大气之间持续互动的结果，每一方都会影响到另一方，造成洪水、侵蚀、干旱和热浪等灾害。

🎤 **伍晞榆**：南极海洋在您的研究中占有重要地位。为什么南极海洋对全球气候如此重要？

🎙 **萨布丽娜·斯佩希**：南极海洋连接了所有海洋盆地。大西洋的水流进入南极海洋，并被传送到其他地方。这里的交互非常动态，尤其是由像"狂风 40 度"这样的风驱动的海洋和大气之间的互动。这些交互使南极相对孤立于气候变化，和北极不同。但这一切正在改变，南极海洋非常复杂，因为它存在垂直和水平方向的水交换。我们在这里的观测非常有限，现有的模型也无法很好地工作，因此我们正在努力更好地理解这些过程。这一地区还通过遥相关性对北半球产生重大影响。

🎤 **伍晞榆**：如果模型不太准确，那你们怎么确保准确性呢？

🎙 **萨布丽娜·斯佩希**：我们专注于组织观测数据，填补数据缺口。目前，我正在与欧洲、南非以及美国合作伙伴一起，在南非进行一项研究，即研究海洋与大气如何在我们尚不完全了解的尺度上进行互动。通过精心规划的观测，我们希望能够改进模型。我们还利用人工智能来帮助参数化那些气候模型无法解决的微小过程。由于这些模型需要运行很长时间，这限制了它们的分辨率，但人工智能可以帮助我们理解较小尺度过程及其影响。

🎤 **伍晞榆**：许多人听说过气候模型，但并不了解它们。您能解释一下在您的研究中，如何将海洋数据和气候模型结合起来使用吗？

🗣 **萨布丽娜·斯佩希：** 气候模型使用描述海洋和大气行为的物理方程式。例如，我们使用描述流体运动的纳维–斯托克斯方程。这些方程非常复杂，因为它们涉及空间和时间尺度，意味着小的变化可能产生远距离的影响。这就像蝴蝶效应，一个微小的变化，最终可能影响到遥远地方的天气模式。为了管理这种复杂性，我们将时间和空间划分为区块，然后通过迭代的方法解决每个区块的方程式。在气候模型中，这些区块通常是 100×100 千米，在海洋中，可能代表 $10 \sim 100$ 米的深度。我们不能解决所有问题，因此需要对较小的尺度进行参数化。其中还包括了生命模型，例如，浮游生物，但这些模型很困难，因为我们尚未完全理解生命的方程式。尽管存在这些挑战，模型仍然为我们提供了宝贵的洞察。

🎤 **伍晞榆：** 在如今的气候变化研究中，最大的科学挑战是什么？

🗣 **萨布丽娜·斯佩希：** 我认为最大的挑战是做出更接近现实的预测。气候模型提供了温度的趋势，虽然它们在全球范围内相当准确，但在局部水平上可能不太准确。例如，法国的气温上升速度比模型预测的要快得多。所以，如果我们要为未来 50 年的气候场景做准备，那么准确的预测至关重要——因为预测 +1℃ 和 +4℃ 的差距是巨大的。我们正在努力使这些预测更精确，以帮助各国做好适应准备。另一个问题是降水和极端天气事件。气候模型在预测极端事件，如热浪、洪水、风暴和飓风等方面仍然不够准确。例如，飓风的路径和加强速度常常被错误预测。这些风暴近年来变得更加猛烈，带来了很大的挑战。

🎤 **伍晞榆：** 海洋在全球变暖中扮演了什么角色，未来几十年海洋可能发生哪些重大变化？

🗣 **萨布丽娜·斯佩希：** 海洋正在变暖，吸收了大量热量，且已经影响到了海洋生物。像鱼类这样的物种正在向更冷的极地水域迁移。海洋生物依赖像浮游生物等微小生物为食，而这些微生物依赖于海洋深层水流带来的养分。然而，随着水温的升高，这些系统正在发生变化。当物种迁移时，新的环境不一定能够提供足够的养分。海洋不仅吸收了热量，还吸收了二氧化碳，导致酸化，这对生态系统也产生了影响。最明显的例子就是珊瑚礁。当海洋温度超过珊瑚所能耐受的上限，珊瑚赖以生存的虫黄藻会大量死亡或被排出珊瑚体外，珊瑚就会褪色。如果这种高温持续下去，可能会导致珊瑚死亡。这些变化已经对海洋生态系统产生了巨大的影响。

海洋环流模式的变化如何影响极端天气，如飓风或热浪？海洋正在变暖，但并不是全球范围内均匀分布的。飓风是由温暖的海水驱动的——当海洋温度超过 28℃ 时，热带风暴就会形成。现在，这个阈值经常被突破，且幅度更大，这使风暴获得更多能量。亚热带也出现了类似的风暴情况。例如，墨西哥湾流——一股将热量从热带输送到亚热带的海洋流——正在变暖。随着温度升高，它可以携带更多的能量，进而增强风暴的强度。类似的情况也发生在日本附近的黑潮上。因此，系统中的能量发生了变化，影响了海洋和大气，但海洋本质上是驱动这些极端天气事件的能量来源。

🎙 **伍晞榆**：人们对于海洋在气候变化中的作用有什么误解？我们应该如何更好地解释？

🔊 **萨布丽娜·斯佩希**：一个常见的误解是认为海洋是无限的——人们认为地球如此广阔，人类活动不会对它产生太大影响。但地球所拥有的自然资源是有限的，海洋也非常脆弱。塑料污染就是一个典型的例子—— 现在我们在海洋中到处都能找到微塑料。另一个误解认为海洋不在气候变化中起作用，仿佛气候变化只是大气的问题。事实上，海洋在气候变化中起着深远的作用，其不仅吸收热量，还吸收了大量的二氧化碳。如果温度继续上升，海洋就会变得无法承载大多数生物，除了像某些病毒那样的非常耐受的有机体以外。因此，我们必须理解海洋在气候变化中的核心作用。

🎙 **伍晞榆**：您目前正在参与什么项目或研究，未来您希望探讨哪些科学问题？

🔊 **萨布丽娜·斯佩希**：我参与了一个大型国际项目，我们将带领几艘船和无人机，研究海洋和大气的物理、化学和生物过程，目标是理解当前模型尚未很好建模或理解的较小尺度过程。这个项目不仅仅是科学研究，还包括教育，我们将有许多学生加入船队。这对于学生来说是一个宝贵的学习机会，因为研究船数量有限，而且通常很小。这将为这些学生提供海上实践的机会，帮助他们更好地理解我们在海上的工作。此外，我们还设有建模部分，旨在促进观测科学家和气候模型专家之间的交流。这是一个至关重要的步骤，有助于增强理解并改善预测。除此之外，我还在参与一个全球海洋观测和气候变化协调的项目，得到欧盟资助，欧洲在支持这类合作项目方面非常积极。这项工作将有助于开发更好的气候变化和极端天气事件指标，对制定适应策略至关重要。这是我参与的 4 个项目中的两个，我非常期待它们的科学贡献以及它们对未来科学家的潜在影响。

🎙 **伍晞榆：** 您认为下一代科学家在应对海洋和气候变化方面将发挥什么作用？

🗣 **萨布丽娜·斯佩希：** 我相信，下一代科学家将在应对气候变化中发挥核心作用，特别是当政府开始意识到气候变化带来的经济损失和生命风险时，我们可能会看到政府在应对气候变化的方式上发生革命性的转变——将更多的资金投入基础研究和地方适应措施中。气候变化需要地方化的解决方案，并且必须采取综合的方法。随着时间的推移，我与化学家、生物学家、大气科学家，甚至陆地科学家都开展了合作。气候变化是一个多学科的挑战，单一学科无法解决。它还需要社会科学家和法律专家的参与，才能制定有效的适应策略。例如，在法国，气候高级委员会不仅包括科学家，还包括来自私营部门的专家，审查国家在《巴黎协定》方面的进展。他们会查看各个领域——能源、进口等的碳足迹，来评估它们的碳排放。这种综合的方法非常关键，值得在政府政策中加以采纳。这正是不同领域的专业知识需要合作来有效应对气候变化的一个重要例子。

🎙 **伍晞榆：** 您有什么建议给年轻的科学家或学生吗？在应对气候挑战时，哪些技能或思维方式最为重要？

🗣 **萨布丽娜·斯佩希：** 我的建议是，追随自己的激情。无论是健康科学、社会科学还是环境科学——做自己最热爱的事。只有在做自己热爱的事时，你才会更加成功和满足。当然，确保自己的激情与你想要为世界做出的贡献相匹配。例如，喜欢经济学的人可能不太适合研究物理学，但这并不意味着他们的贡献不重要。我还认为政治科学在应对气候变化中至关重要。过去几年，我一直在巴黎的一个政治学学校教授海洋与气候课程。由于对气候变化及其社会影响的需求增加，课程人数已经从 100 人增长到超过 200 人。所以，理解气候过程及其全球影响对政治学领域的人来说也至关重要。最终，气候变化是一个跨学科的挑战。

🎙 **伍晞榆：** 今天的采访就到这里。非常感谢您的专业见解和分享。您对海洋的看法非常精彩，让我和观众都学到了很多。我期待您的研究继续发展。

深海逐梦：蓝色星球的低语

当这部跨越时空的对话集即将启航时，我们凝视着书页间涌动的蔚蓝波涛——这里封存着人类最珍贵的两股力量：科学家的智慧沉淀与青少年的未来梦想。在深海与天际的交界处，他们共同谱写了一曲关于探索的复调诗篇。

海洋以 71% 的地球表面积占比构筑了地球的底色，其幽蓝深处埋藏着人类文明的终极隐喻。当来自三大洲的少年们执起采访之笔，他们叩击的不仅是海洋科学的奥秘，更是文明存续的密码。林间教授俯身解读的地壳震颤，王风平团队凝视的深部生命，于卫东教授从全球海洋观测资料中探究气候变化规律——这些曾沉睡在专业期刊里的星辰，此刻在童稚的追问中次第苏醒，化作触手可得的粼粼波光。

在这场跨越代际的对话中，我们见证了认知光谱的奇妙共振。张占海研究员眼中的极地冰芯里冻结着地球往事，韩喜球研究员关于海底热液喷口的研究解译着地球矿产密码——科学家们以专业为锚点抛出的知识链环，被青少年用"为什么"的童真好奇逐个点亮。当南非科学家朱丽叶·赫尔墨斯用卫星遥感丈量印度洋时，美国加州少女正在用心记录潮汐韵律；当萨布丽娜·斯佩希在巴黎高等师范描绘大洋环流时，痴迷海洋科学知识的高中生正用编程模拟赤道潜流；英国海洋学家阿德里安·马丁构建的生态模型，与焦念志院士的碳汇研究形成了跨大陆的学术共鸣；而英国海洋学家 威廉姆·奥斯汀通过海岸带与大陆架沉积物追踪千年来的海平面演化轨迹，他的古气候重建成果也与南非、法国同行的现代观测数据遥相呼应，在跨越时间尺度的回声中共同勾勒蓝色星球的呼吸节奏。范广益研究员扎根青岛，推动海洋基因组学与人工智能交叉融合，探索生命密码的深海书写。蔡梅江研究员深耕海洋生态监测与生物多样性评估，为构建全球海洋保护机制贡献了中国方案。这种跨越语言与文化的认知共舞，让科学回归其本质：全人类共用的思维坐标系。

特别需要铭记的是，在这部蓝色交响曲中跃动的女性旋律。韩喜球研究员揭示海底热液区的成矿现象，孙珍教授解析南海海盆的地质密码，何青教授编织的海洋碳循环网络，王风平教授探究出深古菌门在深海碳循环中的关键作用——当这些由女性科学家主导的深海叙事在实验室与论文中展开时，张奕深潜员正以另一种姿态与深海大洋对话。这位"蛟龙"号女舵手，曾 50 余次穿梭于海面与洋底之间，偕韩喜球在西北印度洋底采集热液烟囱和化能生物样本，为孙珍的板块运动模型提供了最直接的观测证据。这些穿行于科学理论与深海实践之间的女性勇者，不仅拓展了人类认知边疆，更重塑了科学共同体的性别图景。她们的存在本身，就是最动人的实证：在探索真理的航程中，罗盘指针从不区分性别。

环境保护不应是末日的警钟，而该成为文明的进行曲。当有斯之声记者们追问北极冰盖消融速率，探讨微塑料渗透食物链的路径时，他们已然从知识接收者蜕变为责任承担者。书中每个问题都是投向深海的探测球，测量着人类活动与海洋生态间的危险距离。正如方家松教授在深渊生命研究中揭示的：我们与海洋的对话方式，终将决定这颗星球的叙事结局。

谨以本书致敬所有摆渡于认知两岸的引航者：

他们是来自中国、美国、英国、法国、南非的科学家于卫东、王风平、方家松、孙珍、何青、张占海、张奕、林间、范广益、焦念志、韩喜球、蔡梅江、阿德里安·马丁、朱丽叶·赫尔墨斯、萨布丽娜·斯佩希、威廉姆·奥斯汀。

他们以专业为经纬编织的认知网络，构成了横亘在已知与未知间的悬索桥。而那群执笔的少年，则以赤子之心为缆绳，将人类对海洋的认知锚定更辽远的深蓝。

本书的诞生亦离不开社会力量的托举——蓝图公益基金会与缘梦公益基金会以深远的目光守护科学薪火，让代际对话的星芒得以照亮更多求知者的航路。

当您合上这本对话集，或许会听见书脊深处传来的潮汐声。那是青少年思想火花与科学智慧共振产生的认知浪潮，是不同代际、国界的研究者共同校准的文明节律。在这永不停歇的潮涌中，我们终将理解：对深海的每一次追问，都是人类对自身文明源头的回望；对浪花的每一声应答，都在重写着我们与蓝色星球的生命契约。